编委会

PINGGUOYUAN SHUIFEI
ZHIHUI GUANKONG
SHIYONG JISHU

苹果园
水肥智慧管控
实用技术

马文礼　主编

陈永伟　王昊　副主编

黄河出版传媒集团
阳光出版社

图书在版编目（CIP）数据

苹果园水肥智慧管控实用技术 / 马文礼主编. -- 银川:阳光出版社, 2020.10
ISBN 978-7-5525-5674-2

Ⅰ.①苹… Ⅱ.①马… Ⅲ.①苹果－果树园艺－肥水管理 Ⅳ.①S661.105

中国版本图书馆CIP数据核字(2020)第211136号

苹果园水肥智慧管控实用技术　　　　　　　马文礼　主　编
　　　　　　　　　　　　　　　　　　陈永伟　王　昊　副主编

责任编辑　申　佳
封面设计　赵　倩
责任印制　岳建宁

黄河出版传媒集团 阳光出版社 出版发行

出 版 人　薛文斌
地　　址　宁夏银川市北京东路139号出版大厦（750001）
网　　址　http://www.ygchbs.com
网上书店　http://shop129132959.taobao.com
电子信箱　yangguangchubanshe@163.com
邮购电话　0951-5014139
经　　销　全国新华书店
印刷装订　宁夏凤鸣彩印广告有限公司
印刷委托书号　（宁）0018975

开　　本　880 mm×1 230 mm　1/32
印　　张　3.875
字　　数　100千字
版　　次　2020年11月第1版
印　　次　2020年11月第1次印刷
书　　号　ISBN 978-7-5525-5674-2
定　　价　40.00元

目　录

第一章

智慧管控
经果林的技术原理

1 智慧管控的意义

中国是一个农业大国,发展高效、安全的现代生态农业是中国农业现代化建设的目标。然而,随着人口快速增长、耕地面积不断减小、城镇化加速推进,农业面临的挑战日趋严峻。

近30年来,果园高产量主要依靠农药化肥的大量投入,大部分化肥和水资源没有被有效利用而随地弃置,导致大量养分损失并造成环境污染。我国农业生产仍然以传统生产模式为主,传统耕种只能凭经验施肥灌溉,不仅浪费大量的人力物力,而且为农业可持续发展带来严峻挑战。随着不断提升的农业生产能力,传统的农业生产方式已不符合农业发展的现代化要求,在农业发展中应用智慧化农业可以实现稳定、健康、环保、节能、高效的发展理念,与社会发展的趋势相吻合。

2017年7月,国务院印发《新一代人工智能发展规划》,规划提出,人工智能下一步发展是与各行业的融合创新,在农业方面,未来将专注天空地一体化的智能农业信息遥感监测网络,研制农业智能传感与控制系统、智能化农业装备和农机田间作业自主系统等。智慧农业管控是数字中国建设的重要内容,加快发展智慧农业管控,推进农业、农村全方位全过程的数字化、网络化、智能化改造,将有利于促进生产节约、要素优化配置、供求交接、治理精准高效,有利于推动农业农村发展的质量变革、效率变革和动力变革,更好服务于我国乡村振兴战略和农业农村现代化发展。

2 智慧管控的概念及其发展

2.1 智慧管控的概念

智慧管控是充分应用现代信息技术成果,应用计算机与网络技术、物联网技术、音视频技术、3S 技术、无线通信技术及专家智慧与知识,实现农业可视化远程诊断、远程控制、灾变预警等智能管理。

智慧管控是农业生产发展的高级阶段,是集新兴的互联网、移动互联网、云计算和物联网技术为一体,依托部署在农业生产现场的各种传感节点(环境温湿度、土壤水分、二氧化碳、图像等)和无线通信网络实现农业生产环境的智能感知、智能预警、智能决策、智能分析、专家在线指导,使农业生产实现精准化种植、可视化管理、智能化决策。

2.2 智慧管控发展现状

我国政府高度重视农业信息化的发展,按照《全国农业农村信息化发展"十三五"规划》要求,今后 5 年,农业农村信息化总体水平将从现在的 35%提高到 50%,基本完成农业农村信息化从起步阶段向快速推进阶段的过渡。现阶段,我国智慧农业管控已经取得了长足的发展,从中央到地方,从沿海到内陆,从发达地区到落后地区,在政府的大力推动下,纷纷进行了智慧农业管控的有益尝试。

目前,智慧管控的发展主要集中在农业基础资源管理、农产品生产管理、农产品质量监督管理、农产品物流销售管理等方面。农业基础资源管理及农产品质量监督管理的主导者是政府,利用物联网、大数据、云计算、3S技术及新型通信技术,政府将相关部门所掌握的农业基础资料及安全监督相关信息进行可视化汇总、归类,得以使得数据掌控者能实时有效地了解数据的变化、农情的变化,并不时根据反馈信息,进行决策修正,这不仅大大提高了决策者的决策效率使得农业主管部门的决策更加明确和灵活,其公开的信息,能使得农业生产者和消费者更加便捷地了解关键信息,从而调整自己的生产/消费目标。

农产品生产管理及农产品物流销售管理的主导者是农业经营者,包括进行农产品生产的农场、公司,也包括进行农产品物流和销售的经营者。农产品智慧生产管理,主要是利用物联网技术,对生产过程中的光、温、水、肥、气等生产环境要素进行实时监控,并根据专家系统给出的指标阈值进行生产指导,这使得生产过程更加便捷、简单,也是将农业生产逐步提升为工业生产的关键一步,通过对这些环境指标的监测和控制,使得农业生产能够实现标准化。

2019年中国农业科学院研发出一套果园生产智能管控系统,可广泛用于苹果、柑橘、梨等园艺作物生产的精准管理,这是我国农业科研在智慧农业领域的一项最新成果。果园生产智能管控系统利用航天遥感、航空遥感、地面物联网一体化的技术手段,构建天空地一体化的果园智能感知技术体系,解决了"数据从哪里来"的基础问题；集成天空地遥感大数据、果树模型、图像视频识别、深度学习与数据挖掘等方法，实现果园生产的快速监测与诊断，解决了"数据怎么用"的关键问题；结合自动控制、传感器、农机装备等，利用数据赋能作业装备，实现果园生产精准化和无人化作业，解决了"数据如何服务"的重要问题。

3 智慧管控经果林的基本原理

智慧管控通过 3S 技术、物联网技术利用多样、多源遥感设备、智能监控录像设备和智能报警系统监测农产品生产环境和生长状况，利用科学智能的农业生产要素遥控设备实时遥控管理农产品生产状况，水肥药自动投放管理，提高农产品品质、产量，降低生产成本。

智慧管控的目的是协助三农整合资源配置、节省生产成本、提高生产效率及优化生产流程。目前我国的一些农业技术已经在智慧农业管控思想的影响下于经果林实施并转化成实际成果。

3.1 智能配肥技术

利用现代生物技术、环境调控技术、施肥灌溉技术、信息管理技术贯穿作物生产过程，实时调整作物施肥配方，做到因材施肥、因时施肥，完全取代了以往的肥料生产及经营模式。智能配肥结合生物技术和实时测土配方实现精准施肥，提高了肥料的利用率，同时减少了农民的无效投入。此技术目前已经得到了大面积的推广,是专家系统和农民生产紧密结合的典型范例。

3.2 无人机技术

无人机技术的应用,除了简单的农林植保、农药喷洒外,还可以借助成像技术对作物进行生长评估、疾病监测、水分监测、机械传粉等。通过地面遥感或者 GPS 进行控制,采集的数据及自身动态数据可实时传递到地面工作站,为后续人工干预提供参考和依据。无人机在农业中的应用,着重体现出了精准作业、高效环保、操作简单、降本增效的特点,减轻了农民田间劳动强度,减少了环境污染,提高了防治效果。

3.3 水肥一体化技术

水肥一体化技术是将灌溉与施肥融为一体的现代农业实用技术,具有节水、节肥、省工、高产、高效、环保等特点。它利用微灌系统根据作物的需水、需肥规律和土壤水分养分状况,将肥料和灌溉水一起适时、适量、准确地输送到作物根部土壤,供给作物吸收,相当于给植物打"点滴"。这样可使灌水量、灌水时间、施肥量、施肥时间都达到很高的精度,具有水肥同步、集中供给、一次投资、多年受益的特点,达到提高水肥利用率的目的。其主要功能特色有 6 点。

①自动灌溉:可以设定灌溉的起始时间、结束时间,可自动进行灌溉。可关联土壤温度或土壤湿度传感器,设定相应阀值自动灌溉。

②自动施肥：可以设定施肥的起始时间和施肥时长。

③自动调节：可根据预先设定的 pH 值和 EC 值对肥液 pH 值和 EC 值进行调解。

④报警信息：有肥液桶上下液位报警、pH 值和 EC 值过高报警、主管道高压力报警等，及时安全报警提醒，避免损失。

⑤远程控制：通过有线或无线与电脑手机相连，随时随地实现实时远程控制，一键在手，智慧农业到家。

⑥模式设定：达到精准比例灌溉施肥，实现科学高效农业生产。万宏测控在水肥一体机上设定了四种常用模式，完全满足了用户们的日常农田需求。

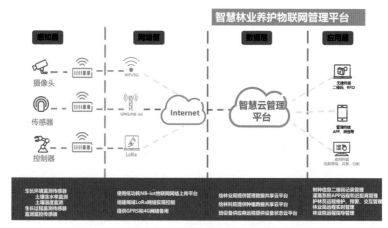

图 1-1　经果林智慧管理系统

第二章

苹果水肥
智慧管控实用案例

1 优良品种

1.1 主要优良品种

苹果属蔷薇科苹果属植物,全世界有 36 个种,其中原产我国的有 23 个种,多数用作砧木和观赏。现代苹果栽培品种多、适应性强、分布地区广,成熟期自 6 月中下旬~11 月,部分晚熟品种通过现有条件适当贮藏能实现苹果果品的周年供应。不同品种对于气候、土壤和栽培技术的要求不同,应按照适地适树的原则去选择品种,并做好早、中、晚熟品种的合理搭配。

1.1.1 早熟品种

藤牧一号:藤牧一号又名南部魁,1986 年从日本引入我国。果实圆形,稍扁,萼洼处微凸起;果实中等大小,平均单果重 190 g,最大果重 320 g;成熟时果皮底色黄绿,果面有鲜红色条纹,着色面可达 70%~90%,果面光洁、艳丽;果肉黄白色,松脆多汁,风味酸甜,有香气,品质上。果实发育期 90 d 左右,在鲁中地区 7 月上中旬成熟,采后室内可存放 15 d 左右。

树势强健,树姿直立,萌芽力强,成枝力中等,极易形成腋花芽,以短果枝结果为主,丰产、稳产。但果实成熟期不一致,有采前落果现象。该品种适应性广,在山东、河北、河南等省有一定发展,对蚜虫抗性强,较抗落叶病。

美国八号:美国八号又名华夏,中熟品种,由美国品种杂交选育而成,1990 年引入我国。果实圆形或短圆锥形;果个中大,平均单果重 240 g;果柄中短、粗,果面光洁、细腻、无锈,果点稀、稍大;果皮底色乳黄,充分成熟时着艳丽红霞,着色面积达 90%以上,有蜡质光泽;果肉黄白色,肉质细脆多汁,风味酸甜适口、芳香味浓,品质上等。果实发育期 120 d 左右,在鲁中地区 8 月上中旬成熟,采前不落果,采后室内可存放 25~30 d。

幼树生长较旺盛,盛果期树势中等,对修剪不敏感,易成花、丰产。抗轮纹病、炭疽叶枯病,抗寒性、耐瘠薄能力强,适应性广,在我国各产地均有发展。

鲁丽:鲁丽由山东省果树研究所育成,亲本为藤牧一号 X 嘎拉。果实圆锥形,高桩,果实大小整齐一致。果面盖色鲜红,底色黄绿,着色类型片红,着色程度在 85%以上;果面光滑,有蜡质,无果粉,果点小、中疏、平;果梗中粗,梗洼深广、无锈。果心小,果肉淡黄色,肉质细、硬脆,汁液多、甜酸适度香气浓;可溶性固形物含量 13%,可溶性糖 12.1%,可滴定酸 0.3%。果实发育期 100 d 左右,在鲁中南地区 7 月底 8 月初成熟。

该品种树势中庸,树体生长发育特性与嘎拉相似;幼树腋花芽结果较多,盛果期以短果枝结果为主;适应性强,耐瘠薄土壤,抗炭疽落叶病、轮纹病等病害,早果、丰产性强。

嘎拉:嘎拉原产新西兰,亲本为 Kidd's Orange Red X 金冠,1979 年引入我国。果实近圆形或圆锥形;果个中大,较整齐,平均单果重 180 g;成熟时,果皮底色黄,有深红色条纹,果皮薄,有光泽,洁净美观;果肉乳黄色,肉质松脆、汁中多酸甜味淡,有香气,品质极上。

该品种树势中庸,幼树腋花芽结果较多,盛果期以短果枝结果为主;果实发育期 125 d 左右,在鲁中地区 8 月上中旬成熟,采后室内可存放 25~30 d;抗早期落叶病、白粉病和轮纹病,对金纹细蛾抗性也较强。

已鉴定并应用的嘎拉芽变品种较多,选出的芽变品种除皇家嘎拉外,还有帝国嘎拉、丽嘎拉、嘎拉斯和烟嘎系列等。我国现在栽培的嘎拉系品种多数是皇家嘎拉和烟嘎。

皇家嘎拉:皇家嘎拉又称新嘎拉,是嘎拉浓红型芽变,1980 年引入我国。果实中等大小,平均单果重 130 g,最大单果重 165 g;果实短圆锥形或短卵圆形,顶端五棱较明显;果皮厚度中等,有光泽,果面底色黄色并着浅红色晕和深红色条纹,可全面着色;果柄细,梗洼处有少量果锈,果实外观整齐美观;果肉淡黄色,肉质细密、脆,汁较多,风味酸甜,味浓。果实发育期 125 d 左右,树体生长发育特性、抗逆性、适应性等与普通嘎拉相同。

秦阳:秦阳是西北农林科技大学从皇家嘎拉自然杂交实生苗中选出的苹果早熟新品种。果实近圆形,果形指数 0.86,最大单果重 198 g;果皮着鲜红色条纹,果面光洁无锈,肉质细脆,汁液中多,风味酸甜,有香气;可溶性固形物含量 12.18%,可滴定酸含量 0.38%,综合品质优良;结果早,丰产;在陕西渭北南部地区,果实 7 月中下旬成熟,果实发育期 100 d 左右。秦阳树姿较开张,树冠圆锥形,树势中庸偏旺;秦阳苹果适应性广,在陕西渭北及同类生态区栽培,具有果实成熟期早、易结果、果皮色泽艳丽、品质优等特点。

华硕:华硕是中国农业科学院郑州果树研究所采用美国8号为母本,华冠为父本杂交选育的早熟苹果新品种。果实近圆形,果实较大,平均单果质量232 g;果实底色绿黄,果面着鲜红色,着色面积达70%,个别果面可达全红;果面蜡质多,有光泽,无锈;果粉少,果点中、稀,灰白色;果肉绿白色,肉质中细、松脆,汁液多;可溶性固形物含量13.1%,可滴定酸含量0.34%,酸甜适口,风味浓郁,有芳香,品质上等。果实在室温下可贮藏20 d以上,冷藏条件下可贮藏2个月。在鲁中地区果实8月初成熟,果实发育期110 d左右。

华硕枝条萌芽率中等,成枝力较低。幼树以中果枝和腋花芽结果为主,随树龄增大逐渐以短果枝和中果枝结果为主。坐果率高,生理落果轻,具有较好的早果性和丰产性。

1.1.2 中熟品种

首红:美国品种,为元帅系第四代短枝型芽变。果实圆锥形,平均单果重180 g,果顶五棱明显;底色黄绿或绿黄,全面深红并有隐显条纹,色泽艳丽,果梗中长,较粗果面有光泽,果点小、不明显,蜡质多;果皮厚、韧,初采收果实绿白色,稍储后变黄白色;肉质细脆,汁多,风味酸甜,有香气,品质上等。果实发育期150 d左右,在鲁中地区9月上旬成熟,室温条件下可贮藏1个月。

在肥水充足、土壤深厚的条件下生长结果良好,在干旱瘠薄的土壤中表现较差。树势健壮,树体紧凑。幼树生长旺盛,萌芽力强,成枝力弱,进入结果期长,以短果枝结果为主,短果枝占总结果枝的83.3%。苗木栽后3年可结果,较丰产。

金矮生:金冠的短枝研 2 芽变品种。果实中大,平均单果重 200 g,圆锥形;果皮金黄色,果皮较光滑,蜡质;果粉较少,有果锈,果点小而稀;果皮较薄,果柄较短,梗洼中深而广;果肉黄色,质地致密酥脆,汁多,酸甜适口,芳香味浓,风味同普通金冠,品质上等,是金冠系理想的品种。

该品种为短枝型品种,树势强健,冠小直立,萌芽率高,具有短枝型优良的栽培性状。芽接苗 3~4 年结果,短果枝结果占总果量的 85%,个别有腋花芽也结果,易于丰产,大小年结果现象不明显。果实发育期 155 d 左右,比普通金冠长 7~10 d 较耐贮。抗逆性,耐瘠薄能力强。

乔纳金:美国品种,亲本为金冠×红玉,三倍体品种,1979 年引入我国。果实圆形至圆锥形,果个大,平均单果重 300 g 左右;果梗中长、中粗,成熟时底色绿黄至淡黄色,被有橘黄色或红紫色短条纹;果皮较厚,蜡质较多,果点小而少,不明显;果皮较薄、韧;果肉乳黄色,肉质稍粗、较松软,汁中多,味美、甜酸,品质上。

植株生长旺盛,结果早、丰产,但苦痘病较重,生长季节补钙。肥水条件好的地区栽植时,栽培中应注意控制树势,并注意对炭疽病、轮纹病、白粉病的防治。果实发育期 155 d 左右,但成熟期不一致,需分期采收,耐贮性一般,易碰伤。

红王将:中晚熟品种,又名红将军,是日本从早生富中选育出来的着色系芽变品种。果实近圆形,平均单果重 250~300 g;果形端正,偏斜果少;果面底色黄绿,全面着鲜红或鲜红色彩霞,果点小,果面清净无锈、美观艳丽;果肉黄白色,肉质细脆,汁液多,酸甜适度,稍有香气,贮藏后香味浓,品质上等。果实发育期 150 d 左右,成熟期比红富士早 1 个月。

该品种适应性广,抗落叶病,易感轮纹病。树冠中长、中短枝的比例,因树龄和树形而异,随着树龄增加,中、长枝所占比例少,短枝量增加;4~5 年生时,短枝和叶丛枝可达 60%~70%,长枝降到 20%左右。高接枝龄 3~4 年生时,短枝和叶丛枝即达 70%。富士幼树或健壮枝条有明显的腋花芽结果习性。初结果期的树,长果枝和腋花芽占有一定的比例,但很快会转向以短果枝结果为主,盛果期短果枝结果约占 70%。

锦绣红:该品种为华冠早熟浓红色芽变,由中国农业科学院郑州果树研究所选育。基本与新红星同期成熟,采前不落果,可在树上挂果至国庆后。果实耐贮藏,是双节期间成熟上市的优良品种。果实近圆锥形,平均果重 205 g,最大果重达 400 g。底色绿黄,果面全面着鲜红色,充分成熟后果实呈浓红色;果肉黄白色,贮藏一段时间后变为淡黄色,肉质细、致密,脆而多汁,风味酸甜适宜;可溶性固形物含量 14.2%,总糖含量 11.96%,总酸含量 0.21%;品质上等。果实发育期 160 d 左右,鲁中地区 9 月中旬成熟。

该品种树势强健,萌芽率高,成枝力中等,中、短果枝结果为主,丰产性好;抗性和适应性强。

岳艳:辽宁省果树科学研究所与盖州果农联合,由寒富×珊夏杂交选育的中熟苹果新品种。果实长圆锥形,单果质量 240 g,果形指数 0.89,果型端正。不套袋果实的果面为鲜红色,较艳丽;底色绿黄,蜡质少,有少量果粉,果面光滑无棱起,有少量梗锈;果肉黄白色,肉质细脆,汁液多,风味酸甜,微香,无异味;可溶性固形物含量 13.4%,总糖含量 11.53%,总酸含量 0.42%。果实发育期 125 d 左右,较耐贮藏,室温(20℃)可贮藏 20 d 以上。该品种树势强健,萌芽率高,成枝力强,树姿开张,苗期易出现侧分枝;幼树以腋花芽和短果枝结果为主,早果、丰产性好;抗寒性较强,顶芽抗寒性强于寒富品种,较抗枝干轮纹病。

1.1.3 晚熟品种

寒富:寒富是沈阳农业大学以东光为母本、富士为父本进行杂交,选育出的抗寒、丰产、果实品质优、短枝性状明显的优良品种。果实短圆锥形,果形端正,全面着鲜艳红色,特别是摘掉果袋经摘叶转果后,果色更美观。单果平均重 250 g 以上,果肉淡黄色,肉质酥脆,汁多味浓,有香气,品质上等,耐贮性强。果实发育期 150 d 左右,在沈阳地区,4 月下旬萌芽,5 月 10 日左右开花,8 月下旬果实开始着色,9 月下旬果实成熟。

该品种树势较强,树姿较直立,树皮光滑,成熟枝条深红色,萌芽率和成枝率较强,节间短,叶片大而厚,秋季不易落叶,为短枝型苹果品种;以短果枝结果为主,果苔副梢连续结果能力强,易形成腋花芽,结果能力极强;比富士早熟 20 d。

富士:晚熟品种,由日本园艺场东北支场用国光×元帅杂交育成,1966 年引入我国。果形扁圆形或短圆形,顶端微显果棱,果个大、中型,平均每果重 170~220 g,许多大于 250 g 的果实成熟时底色近淡黄色,片状或条纹状着鲜红色;果肉淡黄色,细脆汁多,风味浓甜或略带酸味,具有芳香,品质上等。

该品种树势中等,结果较早、丰产,管理易出现大小年现象;富士对轮纹病和水心病抗性较差。果实发育期180 d左右,在山东烟台10月下旬~11月初成熟,极耐贮运。

当前生产中应用的富士苹果多为通过芽变选种选育的着色和短枝型品种,这些品种以其优良的果实品质、贮藏性能,深种植户欢迎。

①红富士:富士着色芽变的统称。目前选出的着色较好的品系有80多个,如着色富士Ⅱ系的秋富1号、长富2号、长富6号、长富9号、长富10号、岩富10号等,着色富士Ⅰ、Ⅱ混合系的长富11号、2001富士、乐乐富士、天星、哥伦比亚2号等,以及烟富3号、烟富6号。近几年,又进一步从烟富3号中选育出着色性能更好的烟富8号、烟富10号及元富红等品种。

②短枝富士:富士短枝型芽变的统称。现已选出10多个短枝型品种,其中有代表性的是宫崎短枝红富士、福岛短枝红富士、惠民短枝富士、烟富6号、龙福等。短枝型芽变品种的品质普遍较普通型差,但烟富6号果实表现为高柱,风味品质优于原品系,是短枝富士中的佼佼者。

国内育种单位从长富2号中选育出的龙富、烟富7号、沂源红、沂水红、神富6号等短枝、红色双芽变优质短枝型苹果新品种,综合品质优良,发展前景广阔。

沂水红:沂水红是富士苹果长富2号的芽变品种,由山东省果树研究所选育。果实圆形,果形指数0.82;平均单果重249.1 g,果个大小整齐一致;果实底色黄白色,着浓红色,色相片红,全面着色;果面光滑,无蜡质,无果粉;果点小、疏、平;果梗中粗,红色,梗洼深广,无锈,萼洼中浅、中广;果心小,果肉黄白色,肉质细、硬脆,汁液多,甜酸适度,香气浓,品质上等;可溶性固形物含量16%,可溶性糖含量13.5%,可滴定酸含量0.61%,耐贮性、抗逆性与长富2号相同。果实发育期180 d左右。

该品种树势中等,长、中、短果枝均能结果,果苔分枝能力中等,多中短果苔枝;丰产,无大小年现象。盛果期树以短枝结果为主,易成花,不必采用环剥、环切等促花措施。生理落果很少,无采前落果现象。树高、干周、冠径等指标较长富2号小枝类组成与长富2号无明显差异,花朵自然坐果率39.53%,显著著高于对照品种长富2号。

望山红:望山红为辽宁省果树科学研究所从长富2号中选出的芽变优系品种。果实近圆形,平均单果重260 g,果形指数0.87。果面底色黄绿,着鲜红色条纹,光滑无锈,果粉与蜡质中等,果点中大;果梗中粗、中长,梗洼中深、中广,萼洼中广、中深,有波状突起,萼片中大、闭合;果肉淡黄色,肉质中粗、松脆,风味酸甜、爽口,果汁多,微香,品质上等;可溶性固形物含量15.3%,总糖含量12.1%,可滴定酸含量0.38%。果实发育期为155 d,辽南地区果实10月上中旬成熟。幼树生长势强,顶端优势明显,侧枝角度小,树体健壮。树姿较开张,树冠半圆形,适于在长富2号适宜地区扩大栽植。

昌苹8号:是河北省农林科学院昌黎果树研究所以富士为母本、红津轻为父本杂交育成。果实圆锥形,大小整齐,平均单果质量 278 g, 果形指数 0.88, 浓红色有暗红条纹, 着色好; 果肉淡黄色, 质细、松脆、多汁, 有香气, 甘甜适口; 可溶性固形物含量 15.6%~16.6%, 可滴定酸 0.27%~0.30%, 品质极上等。果实发育期 166 d 左右, 在河北昌黎地区 9 月下旬成熟, 熟前不落果, 成熟期一致。本品种抗轮纹病, 抗早期落叶病, 耐瘠薄。

该品种树姿开张, 树势中庸, 萌芽率高, 成枝力强。幼树长、中、短果枝都可结果, 成龄树以短果枝结果为主。

粉红佳人: 澳大利亚品种, 亲本为 Lady Williams×金冠。果实长圆形, 果个中, 平均单果重 200~220 g; 果面底色黄色, 几乎全面着以鲜红色, 果面洁净, 无果锈, 果粉少, 蜡质多, 外观极美, 但初结果树果实表面稍有凹凸不平现象; 刚采收时果肉乳白色, 肉质较粗, 紧而硬, 脆度差, 汁中多, 酸味较浓, 无香味; 采收后经 1~2 个月贮藏, 果肉变成淡黄色, 酸甜适口, 香味浓, 风味佳, 品质中上等。

该品种树势强健, 树姿较直立; 以短果枝结果为主, 有腋花芽结果习性, 早果、丰产、稳产; 抗病性强。成熟期较富士晚 1~2 周。果实发育 210 d 左右, 在鲁中地区 11 月上旬成熟。果实极耐贮藏, 在室温下可贮藏至翌年 5 月。

1.2 品种选择

1.2.1 品种选择原则

1.2.1.1 主栽品种选择原则

最适宜品种可作为主栽品种, 一般以晚熟、优质、丰产、耐贮、畅销品种为主。从苹果发展趋势看,早丰产、早结果更有前途,第2~3 a 要结果,第 5~6 要进入丰产期。一个果园里,主栽品种不宜过多,以 2~3 个为宜,一个果园小区一般只栽 1 个主栽品种。

1.2.1.2 辅栽品种选择原则

适宜品种和最适宜品种均可作辅栽品种。辅栽品种应与主栽品种错开,一般应选择早、中熟品种,早、中、晚熟品种的比例大致以 10:20:70 为好。

1.2.2 品种栽培选择注意事项

1.2.2.1 科学选择品种

品种选择要考虑本地区的气候条件和管理水平,不要轻信广告宣传,盲目选择品种会导致果品质量差,售价低,易发生抽条或冻害等问题。也不要片面求新,以为只要是新品种,就会有好效益。新品种大多没有经过大面积的栽培试验,适应性、抗逆性、丰产性、稳定性和消费喜好程度不确定,贸然引进新品种并大面积栽培,可能会带来损失。大面积引种前要先小面积试种。

1.2.2.2 品种比例的确定

应均衡考虑品种的成熟时期,避免因晚熟品种耐储运,品质好而过多地发展,造成供过于求,售价降低;也不要只考虑主栽品种而忽视授粉树的配置,否则很难达到高产、优质目的。

1.2.2.3 避免混栽

苹果树与其他树种果树混栽易加重病虫害、分泌物伤害,施药矛盾等危害程度。因此,苹果不要与梨、桃等其他树种果树不要混栽。

2 建园

2.1 园址的选择

园址的选择十分重要,对后期果园的管理和经济效益有着长期的影响。

2.1.1 远离污染源

①大气污染,如硫酸厂、化肥厂、铜铁厂、冶炼厂等厂矿排放的氟化氢、硫化氢、臭氧,氮化物、氯气等。

②水体污染,如河水、地下水、地表水的污染,特别是工业废水,城镇生活污水,这样的水质灌溉果园易造成土地污染,影响果树的生长发育。

2.1.2 地势适宜、土质肥沃,有水浇条件

①地势适宜,尽量避免在谷地或洼地下部,易积聚冷空气,引起霜冻和抽条。应选择平地和坡度在 25°以下的山地均可建园。

②土质肥沃,土质应尽量避开黄黏土、盐碱土、涝洼地(排水不良的地)。选择壤土或轻砂壤土。土壤 pH 在 6.0~8.0 为宜,土壤活土层在 50 cm 以上,最好是 80~100 cm。达不到此深度的,栽植前一定要用挖掘机深翻至 80 cm 以上,将碎石捡出。

③有水浇条件,栽植果树首先要保证水浇条件,特别是矮化中间砧或矮化自根砧,土质和水源是矮砧栽培的先决条件。

2.1.3 集中种植

尽可能集中连片,矮砧宽行密植集中连片,矮砧宽行密植适

合规模经营,机械化操作,这也是未来果业发展的必然趋势,在栽植前就应做好长远打算。

2.2 园地规划

园地规划主要包括防护林的营造、道路的修筑、栽植区的划分、灌溉及排水系统的设置以及管理设施和场所建设等。规划大面积果园时,要利用测量仪器进行实地测量,绘制地形图,根据规划内容要求,进行合理设计。

2.2.1 防护林的营造

防护林的营造建设果园时,都应该合理设计和营造防护林。可选择的树种有法国梧桐、银杏、臭椿、香椿、柿树、核桃树、枣树、山杏等。再结合灌木类,如紫穗槐、酸枣、花椒、玫瑰、枸杞、荆条、毛樱桃,建成乔木和灌木为一体的防风林网系统。

2.2.2 道路的修筑

果园的作业道路是实现机械化作业的基础,道路的设计与修筑要以节约土地和施工量,又能发挥机械作业的效率为出发点,主要包括大路和小路两种。大路一般修筑在栽植大区之间,主副林带一侧,能并排通行两辆机动车;小路修筑在大区之内、小区之间,其宽度是能通行果园作业机械。

2.2.3 栽植区的划分

栽植区是苹果园的基本构成单位,要本着"因地制宜"的原则,同一个栽植区的地形、坡向以及土壤条件要求基本一致,山丘地栽植区应与等高线平行。

2.3 苗木栽植

2.3.1 授粉树选择和配置

2.3.1.1 授粉树应具备的条件

与主栽品种授粉亲和力强。与主栽品种花期一致,花粉量大,花期长,容易成花。与主栽品种能相互授粉,果实的经济价值较高。对当地的环境条件有较强的适应能力,树体寿命长。

2.3.1.2 合理配置授粉树

苹果自花结实率很低,建园树时必须有两个以上品种相互搭配,以利授粉。搭配授粉组合时,还应注意普通型配普通型,短枝型、矮砧树配短枝型、矮砧树。如果主栽品种为三倍体(如乔纳金、陆奥、北斗),因其花粉败育率高必须配置两个或两个以上品种,既能为主栽的三倍体品种授粉,又能相互授粉。

在果园主要靠自然风传播花粉时,可将授粉树栽在果园外沿、上风方向,而在果园主要靠昆虫传粉时,考虑到蜜蜂访花喜欢顺行飞行,应将授粉树栽于行内,并保持适当比例。苹果主要品种的适宜授粉品种见表 2-1。

表 2-1　苹果主要品种的适宜授粉品种

主栽品种	适宜的授粉品种
嘎拉	元帅系、专业授粉树(海棠等)
富士系	金冠系、元帅系、专业授粉树
元帅系	富士系、嘎拉、金冠系、专业授粉树

2.3.1.3　授粉树的配置

（1）授粉树的数量

授粉树的数量应占总株数的20%~50%，密植园授粉树与主栽品种树的比值为1:8。授粉树与主栽配种的距离不能超过15~20 m。

（2）授粉树配置方式

①中心式:常用于授粉树少、正方形栽植的小型果园。1株授粉树周围配置3~8株主栽品种。授粉树占果园总株数的12%~33%。

②少量式:可用于较大果园,这种方式授粉树配置较少。授粉树沿着果园小区长边方向成行栽植，每隔3~4行主栽品种配置1~2行授粉树,授粉树占果园总株数的12%~30%

③等量式:授粉树与主栽品种隔2~4行相间排列栽植,授粉树占果园总株数的50%。

④复合式:在两个品种互相授粉不亲和或花期不完全相同时须配置第三个品种进行授粉。

（3）栽植中应注意的几个问题

①乔砧和矮砧不要混栽,避免由于生长速度的差异,造成树体大小不一。

②普通型和短枝型不能混栽,否则树体大小不一,管理不便。

2.4　栽植技术和栽后管理

2.4.1　栽植的密度和方式

2.4.1.1　确定栽植密度的依据

砧木品种不同、则特性不同,树体的高矮、大小差异很大,因此果树的生长特性决定了栽植密度。不同品种生长发育情况不同，普通型的株行距应大于短枝型矮化砧、半矮化砧或矮化中间砧，可以密植。

①土壤肥力和地势：土层薄、肥力差的土壤，果树生长弱栽植密度可大些；土层厚、肥力高的土壤，果树生长势强、密度可小些。山地、丘陵地光照充足，紫外线多、树体受紫外线影大，生长矮小，密度可大些。

②气候条件气温高，雨量充足，果树生长旺盛，栽植密度要小；干旱低温、大风的地区，栽植密度可大些。山区则可以小些。

③栽培管理技术、管理水平和劳动力情况：栽培管理技术水平也制约栽培密度，即技术高，密度大些，反之则小些。

2.4.1.2 栽植方式

采用比较好的栽植方式可以更经济地利用土地，便于今后的田间管理工作。在确定了栽植密度的前提下，可结合当地自然条件和所栽树种的生物学特性决定。

长方形栽植：生产中最常用的一种方式，行距大于株距，通风透光好，便于管理。

三角形栽植株距大于行距，各行相互错开，呈三角形栽植。一般山地较窄时采用此法，也可用于平地，栽一行太宽、两行太窄的情况下，采用三角形的栽植方式，但该方式管理不便。

等高栽植：适用于坡地或梯田果园，是长方形栽植方法在坡地果园中的应用。

带状栽植：又叫宽窄行栽植。2~3行为一带，每带间有较大间隔,便于田间管理。优点是增强群体果树的抗逆性,如抗风、抗旱性。不足是带内通风透光不好,修剪时要考虑到这一点。

篱壁形栽植:适于机械化作业,株间密,呈树篱状,也是一种长方形栽植方式。

2.4.1.3 计划密植

定植密度大,有利于提高苹果早期产量,早收回投资。以后随树体生长,枝条交错后,应进行间伐,保持树的高产优质。

2.4.1.4 栽植行向

行向问题有些争议,有人主张南北向,有人主东西向。如果考虑主害风问题,行向应与主害风垂直,若不存在问题,则生产上趋向于南北行好。

2.4.1.5 栽植株行距

①苹果乔砧密植:3×5（44株/亩）,3×4（55株/亩）,2×4(83株/亩)。

②苹果短枝型园:2×4(83株/亩),2×3(111株/亩)。

③矮化中间砧:2×4(83株/亩),2×3(111株/亩)。

2.4.1.6 栽植时期

苹果一般应在休眠期栽植,这时苗木体内藏养分多,水分蒸腾量小,断根易恢复,苗木栽植成活率高。苹果可在秋末冬初栽植,也可在春季栽植,应根据当地冬春季气候情况而定。

（1）秋栽

苗本从落叶后到土壤封冻前栽植。此时土壤温度和墒情较好,栽后根系伤口愈合快,栽植成活率高,缓苗期短,萌芽早,生长快。华北地区秋栽可在 10 月上中旬进行,栽后根系能得到一定的恢复,翌年春季萌芽早,生长旺,不缓苗。

(2)春栽

在土壤解冻后、苗木萌芽前进行。冬季干旱、寒冷地区要进行春栽。与秋栽苗相比季出圃进行假植。

2.4.2 栽植前的准备

(1)定点挖坑定植坑挖大一些,坑的长、宽、深可各挖 60 cm,把表土和心土分开,表土混入有机肥,填入坑中,然后取表土填平,浇水沉实。

(2)肥料准备腐熟好的有机肥 2.5~5 kg/株,尽量少用或不用化学肥料,以免产生肥害。

2.4.3 栽植方法

将苗木放进挖好的栽植坑前,先将混好肥料的表土填一半进坑内,堆成丘状,将苗木放入坑内,使根系均匀舒展地分布于表土与肥料混堆的丘上,校正栽植的位置,使株行之间尽可能整齐对正,并使苗木主干保持垂直。然后将另一半混肥的表土分层填入坑中,每填一层都要压实,并不时将苗木轻轻上下提动,使根系与土壤密接,最后将新土填入坑内上层。进行深耕并施用有机肥改土的果园,最后培土应高于原地面 5~10 cm,且根茎应高于培土面 5 cm,以保证松土踏实下陷后,根茎仍高于地面。最后在苗本树盘四周筑一环形土埂,并立即灌水。

2.4.4 栽后管理

(1)浇透水

保墒并提高地温,歪苗及时扶正。

(2)立即定干

根据整形要求,定干高度 75~80 cm,整形带高 25~30 cm。

(3)缠裹塑膜

在多风、干燥的山地栽植时,可全株裹塑料膜,防苗木抽条,提高其成活率,并可防止金龟子危害。待萌芽后去除。

(4)补栽

发现有死亡株,应及时补栽。

(5)防治虫害

幼树阶段一般食叶害虫多,如金龟子、象甲、蚜虫等。金龟子可在傍晚人工捕捉,集中销毁。发现金龟子、象甲等危害后,也可用 2.5%三氟氯氰菊酯乳油 2 000 倍喷雾防治,蚜虫可用 10%吡虫啉可湿性粉剂 3 000~4 000 倍喷雾防治。

(6)及时除萌

抹除同一节位上角度不适宜的、多余的芽,以减少养分损失。

(7)追肥灌水

成活展叶后,干旱时要浇水。6 月下旬~7 月上旬要追肥 3~4次,前期以氮肥为主,可追施尿素、磷酸二铵;后期以果树专用复合肥为主,按每株树 0.1~0.15 kg 计算施肥量。8~9 月份通过控制浇水、摘心等措施控制植株旺长提高其抗性,提高幼树越冬率。

（8）幼树防寒

栽植后及时关注异常天气变化，防止倒春寒危害。可以采取埋土防寒（保护根茎及主干）、提前 1~2 d 灌水或设置风障、在主干捆草把等措施防寒。

3 水分管理

水是果树各个器官的重要组成成分，又是合成有机物质的主要原料，还是物质代谢和转化的参与者。水对调节树体温度、土壤空气，营养供应等都有重要作用。亩产量 2 500 kg 的苹果园，每年需水量相当于 625 mm 的降水量，若加上蒸发及径流消耗则需要更多。苹果果实内含水分 80%~90%，果实含水分的绝对量随果实增大而直线上升，特别在果实膨大期，水分含量增加更快，若此期缺水，则影响果实增大，果个变小。此外，果树通过叶片的蒸腾拉力吸收地下矿物质，矿物质再经过叶片的同化作用，满足果树生长发育的需要。

3.1 需水关键期

苹果年周期水分管理应本着"前灌后控"的原则，在苹果生长发育的几个需水量大的时期保证水分的供应。以下是苹果生长发育需水量比较大的几个关键时期。

3.1.1 萌芽前灌水

此期灌一次透水，土壤含水量应达到田间持水量的 70%~

80%,保持较高的土壤湿度,利于果树开花、坐果和新梢生长。

3.1.2　新梢生长和幼果膨大期灌水

该时期一般在苹果开花后 20 d 左右,是苹果的水分临界期,缺水会导致生理落果,并影响果实的膨大。土壤含水量应达到田间持水量的 60%左右。

3.1.3　果实膨大期灌水

该期水分充足,果实发育快,可提高产量,同时促进短枝花芽分化。土壤含水量应达到田间持水量的 80%。

3.1.4　成熟期

着色期水分过多会引起贪青旺长,对着色不利,成熟期水分要稳定,水分波动大,易引起裂果,土壤的含量应达到田间持水量的 80%。

3.1.5　秋施基肥后灌水

灌水应灌满肥坑,使肥分随水分向周围扩散,以利根系吸收,土壤含水量应达到田间持水量的 80%。

3.1.6　封冻灌水

在土壤封冻前灌一次透水,使苹果安全越冬,避免发生冻害。土壤含水量应达到田间持水量的 80%以上。

3.2　水肥一体化技术

我国北方大部分地区干旱、半干旱,所以为了实现丰产、优质,必须进行适时、合理的灌溉,合理灌溉也是苹果高效栽培技术之一。节水技术主要是通过采取灌水方式的改进来提高灌水利用率,达到在灌溉中节约用水的目的。在苹果园引进先进的灌水技术,可节约大量水资源。

3.2.1 喷灌

喷灌又称人工降雨,它是模拟自然降雨状态,利用机械和动力设备将水射到空中,形成细小水滴来灌溉果园的技术。喷灌对土壤结构破坏性较小,与漫灌相比,能避免地面径流和水分的深层渗漏,可节约用水 60%~70%。喷灌技术能适应地形复杂的地面,水在果园内分布均匀,并可防止因漫灌尤其是全园漫灌造成的病害传播,并且容易实行灌溉自动化。

喷灌通常可分为树冠上和树冠下 2 种方式。树冠上灌溉,喷头设在树冠之上,喷头的射程较远,一般采用中射程或远射程喷头,并采用固定式的灌溉系统,包括竖管在内的所有灌溉设施,在建园时一次建设好。树冠下灌溉,一般采用半固定式的灌溉系统,喷头设在树冠之下,喷头的射程相对较近,常使用近射程喷头,水泵、动力和干管是固定的,但支管、竖管和喷头可以移动。树冠下灌溉也可采用移动式的灌溉系统,除水源外,水泵、动力和管道均是可移动的。

3.2.2 定位灌溉

定位灌溉是指只对一部分土壤进行定位灌溉的技术。一般来说,定位灌溉包括滴灌和微量喷灌(简称微喷)2 类技术。滴灌是通过管道系统把水输送到每一棵果树树冠下,由一至几个滴头(取决于果树栽植密度及树体的大小),将水一滴一滴地均匀且缓慢地渗入土中(一般每个滴头的灌溉量每小时为 2~8 L)。而微量喷灌灌溉原理与喷灌类似,但喷头小且设置在树冠之下,雾化程度高,喷洒的距离小(一般直径在 1 m 左右),每一喷头的出水量很少(通常为每小时 30~60 L)。定位灌溉只对部分土壤进行灌溉,较普通的喷灌有节水作用,能使定体积的土壤维持在较高的湿度水平上,有利于根系对水分的吸收。此外,此法还具有所需水压低和进行加肥灌溉容易等优点。

3.2.3 水肥一体化

水肥一体化,又称施肥灌溉或者肥水灌溉技术。根据果树需水需肥特点,在压力作用下将肥料溶液注入灌溉输水管道而实现,使肥料和水分准确均匀地滴入果树根区,适时、适量地供给果树,大大提高肥料的有效利用,同时又因为是小范围局部控制,微量灌溉,水肥渗漏较小,故可节省化肥施用量,减轻污染,运用灌溉施肥技术,为作物及时补充价格昂贵的微量元素提供了方便,并可避免浪费。滴灌系统仅通过阀门人工或自动控制,又结合了施肥,故又可明显节省劳动力投入,降低了成本,实现水肥同步管理和高效利用的一种节水灌溉技术(具体施用技术参看第三章)。

4 养分管理

土壤中矿物质养分是苹果生长发育不可缺少的营养来源。肥料可以有效地提供给植物营养,合理施肥还可以改善土壤的理化性状及促进土壤团粒结构的形成。合理施肥要因地制宜、综合考虑,才能实现施肥的科学化。

4.1 苹果树需肥特点

苹果树的正常生长发育需要有机营养和无机营养。有机营养的来源主要是地上部绿色部分通过光合作用制造的光合产物,光合产物主要是碳水化合物、蛋白质和脂类物质。碳水化合物是呼吸代谢的重要底物和生命活动的能量来源,也是转化成有机氮化物、脂肪等其他营养物质的原料,在树体代谢过程中起着重要的作用。矿质元素主要是通过根系从地下吸收,主要有氮、磷、钾、镁、钙、硫等大量元素,也有铁、硼、锌、铜、锰等微量元素。矿质元素在苹果树体中的含量很少,占不到于物质量的 1%,作用却非常大。每种元素都有固定的生理功能、不能相互代替,树体缺少矿质元素就会产生生理障碍,发生各种生理病害。

氮、磷、钾是对树体营养状况影响较大的矿质元素,了解其吸收规律及特点尤为重要。苹果树发育过程中,前期是以吸收氮素为主,中期和后期以吸收钾素为主,磷的吸收全年比较平稳。

4.1.1 氮素的吸收

春季随着树体生长的开始,氮的吸收数量迅速增加,在 6 月中旬达到高峰,此后吸收量迅速下降,直至果实采收前后又有回升。

4.1.2 磷的吸收

在年生长初期,也是随着生长的加强而增加,并迅速达到吸收盛期,此后一直保持在盛期的吸收水平,到生长后期也无明显的变化。

4.1.3 钾的吸收

在苹果的生长前期急剧增加,至果实迅速膨大的 8 月,达到吸收高峰,此后吸收量急剧下降,直到生长季结束。

4.2 施肥配方实验

2019 年 4~11 月,在宁夏农垦渠口农场苹果智能滴灌水肥一体化栽培技术核心示范区,以 5 年生富士苹果为试材,试验一根据果树全株营养测定(表 2-2)设定不同施肥方案为处理(表 2-3),研究智慧灌溉节肥效果及最优施肥方案;试验二设定智能管控为处理(土壤含水率上限为 60%,下限为 30%),常规灌溉为对照,研究智慧管控灌溉节水效果及对苹果产量及品质的影响,其他农艺措施一致,小区面积为 10 亩,重复 3 次。

表 2-2 5 年生富士苹果养分分布及含量分析

器官	生物量(干,g)	养分测定结果(%)			整株养分含量(g)		
		N	P	K	N	P	K
叶	1 435.89	2.42	0.247	1.45	34.75	3.55	20.82
果实	34.05	0.479	0.09	0.911	0.16	0.03	0.31
枝	5 248.75	0.651	0.096	0.297	34.17	5.04	15.59
干	4 641.51	0.393	0.042	0.169	18.24	1.95	7.84
主根	203.30	0.393	0.048	0.164	0.80	0.10	0.33
侧根	2 791.80	1.98	0.238	0.56	55.28	6.64	15.63
总计	14 355.30	6.316	0.761	3.551	143.40	17.31	60.53

表2-3 不同施肥方案

生育期	处理1		处理2		常规施肥(CK)		
	N-P-K配比	施用量(kg/亩)	N-P-K配比	施用量(kg/亩)	尿素(kg/亩)	磷酸二氢钾(kg/亩)	硫酸钾(kg/亩)
萌芽期	30-10-10	14.60	30--9-14	7.25	17.22	5.08	19.41
花期	22-6-22	12.50	29--9-12	8.75	2.00	3.07	2.33
结果期	16-8-34	12.50	23--9-23	7.50	2.74	2.02	5.43
果实转色期	16-9-25	8.00	0-13-47	3.75	5.74	5.08	11.65
成熟期	25-9-16	14.60	26--8-17	8	28.70	10.15	2.10
合计		62.20		35.25	56.39	25.40	40.92

4.2.1 测定指标

4.2.1.1 苹果生育期的测定

随机选取小区内9株苹果树进行标记，连续记录苹果树的生育期。以标记树萌芽、开花、结果、转色、成熟数量达到50%进行统计。

4.2.1.2 苹果生长发育情况的测定

随机选取小区内9株苹果树，选取每株树东、南、西、北4个方向当年生枝条进行标记，每隔7 d用游标卡尺和卷尺测定1次新梢粗度和新梢长度。

4.2.1.3 苹果产量及品质的测定

随机选取小区内9株苹果树，选取每株树东、南、西、北4个方向当年生枝条，选取枝条上成熟的果实，测定单株果实产量，果实的单果重、并采回实验室测定果实横茎、糖和酸。

4.2.2 数据处理

试验数据采用 Excel2016 软件和 SPSS14.0 软件 ANOVA 模块进行方差分析。

4.2.3 结果与分析

4.2.3.1 不同施肥方案对苹果树生长发育的影响

从表 2-4 可以看出,从花期开始到成熟期,都表现为 CK>处理 1>处理 2,使用处理 2 配方能够使苹果的成熟期较处理 1 提前 3 d,较 CK 提前 7 d,使用全水溶复合肥能够促进苹果树的生育期进程,促进果实提前成熟,并且处理 2 表现最优。

表 2-4 不同施肥方案下苹果树生育期对比

（日/月）

处理	萌芽期	花期	盛花期	结果期	果实膨大期	果实转色期	成熟期
处理 1	5/4	13/4	25/4	5/5	22/6	16/9	22/10
处理 2	3/4	10/4	22/4	4/5	20/6	2/9	19/10
CK	5/4	15/4	26/4	8/5	25/6	9/9	25/10

从图 2-1 可以看出,在结果期之前,处理 1、处理 2 和 CK 的新梢生长速度并没有太大差异,从结果期后,新梢生长速度表现出处理 2>处理 1>CK,新梢的生长发育在果实转色期趋于稳定,通过图 2-2 可以看出,在新梢粗度方面表现出了和新梢长度方面相似的规律。说明,使用全水溶复合肥能够促进果树的生长发育,促进果树的营养生长,且处理 2 表现最优。

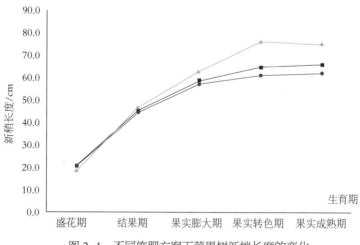

图 2-1　不同施肥方案下苹果树新梢长度的变化

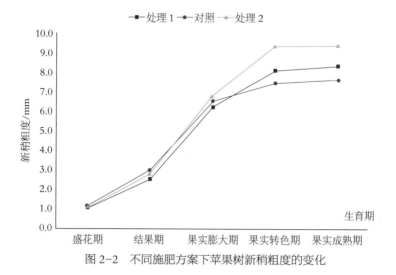

图 2-2　不同施肥方案下苹果树新梢粗度的变化

4.2.3.2　不同施肥方案对苹果产量的影响

从表 2-5 可以看出，单果重方面处理 2（222.23 g)>处理 1

（221.43 g）>CK（204.18 g），单株产量和亩产量方面也表现相同的规律，处理2最优较CK增产18.3%；在果实横茎方面处理2的平均果实横茎为81.60 mm，大于处理1的80.57 mm，都达到了"80"果标准，最小的为CK 78.29 mm；果实硬度方面处理2>CK>处理1；糖的含量表现出处理2（18.66°Brix）>处理1（17.34°Brix）>CK（14.80°Brix），而酸表现为处理1>处理2>CK。使用处理2配方能够增加苹果的单果重和产量，但和其他全水溶复合肥没有显著差异，但较常规施肥差异显著，并且在果型和风味方面同样优秀。说明处理2能够提高苹果的产量并能促进果实品质的提高。

表2-5 不同施肥配方对苹果产量的影响

处理	单果重（g）	单株产量（kg）	折合亩产量（kg）	果实横茎（mm）	果实硬度（kg/cm²）	糖（°Brix）	酸（g/L）
处理1	221.43a	22.99a	1 517.51a	80.57a	6.02a	17.34a	10.15a
处理2	222.23a	23.93a	1 579.22a	81.60a	6.68a	18.66a	9.34a
CK	204.18b	20.23a	1 335.18b	78.29a	6.07a	14.80b	8.26a

4.2.3.3 不同灌溉方案对苹果产量及品质的影响

从表6可以看出，处理2与对照灌水方式和灌溉量不一致，其他措施保持一致。处理2的单果重为222.23 g，显著高于对照，单株产量和折合亩产量方面也表现出了相同的规律，处理2亩产增加300.9 kg，增产23.5%；在果实横茎和果实硬度方面，处理2>对照，但是差异不显著，糖和酸方面，处理（18.66°Brix，9.34 g/L）显著高于对照（16.67°Brix，7.89 g/L），处理2的风味明显优于对照，截至2019年11月，处理2的亩灌溉量为166.62 m³，显著低于对照的 264.20 m³, 处理 2 全年共节水 97.58 m³, 节水率达 36.9%。

表 2-6　不同灌溉方案对苹果产量的影响

处理	单果重(g)	单株产量(kg)	折合亩产量(kg)	果实横茎(mm)	果实硬度(kg/cm²)	糖(°Brix)	酸(g/L)	亩灌水量(m³)
处理 2	222.23*	23.93*	1579.22*	81.60	6.68	18.66*	9.34*	166.62
对照	196.43	19.37	1278.31	80.53	6.15	16.67	7.89	264.20*

4.2.4　小结

通过在相同灌溉模式条件下,制定不同施肥方案,处理 2 的方案既可以促进果树生长发育, 又能提高苹果树的产量和品质,同时其肥料用量仅为 55.25 kg,低于处理 1 的 62.20 kg 和常规施肥的 122.71 kg,处理 2 较 CK 节肥 67.46 kg,节肥率达 54.97%。在以处理 2 配方肥基础上,与常规灌溉比较,发现处理 2 较常规灌溉节水 36.9%,节水 97.58 m³,亩用工量减少 6.6%,同时处理 2 的产量和品质较常规灌溉也有显著提高。

4.3　施肥量

4.3.1　基肥

优质丰产的果园,土壤有机质含量一般在 1% 以上,有的达到 3%~5%,但我国大多数苹果园有机质在 1% 以上,需要增加基肥施用量,提高土壤肥力。

基肥的施用量:应占全年总施肥量的 60% 左右。有机肥的数量一般根据产量采取"斤果斤肥"的原则,生物有机肥、豆饼、鱼腥肥等施用量可以减少一半。初结果树 20~50 kg,成年大树 60~100 kg。有机肥与过磷酸钙或三元复合肥作基肥效果好。如果考虑到改良土壤、培肥地力、提高土壤微生物活性等,那么基肥施用不仅要保证数量,还要保证质量。施用优质基肥,如鸡粪、羊粪、绿肥、圈肥、厩肥等较好。

4.3.2 追肥

为满足苹果树对氮元素的需求,应结合苹果生长物候期和土壤肥力状况进行追肥,追肥次数和时期与气候、土质、树龄等有关。一般在花前、花后、幼果发育期、花芽分化期、果实生长后期追肥。按实际需要追肥,生长前期以氮肥为主,后期以磷、钾肥为主,配合施用,每株施有机肥 12~20 kg、硫酸铵 0.24 kg、过磷酸钙 0.7 kg、钾肥 0.7 kg,可基本满足肥料需求。幼树追肥次数宜少,随树龄增长和结果增多追肥次数要逐渐增多,以调节生长和结果对营养竞争的矛盾。生产上成龄果园一般每年追肥 2~4 次。

有机肥与化肥的配合施用:有机肥既能提高土壤肥力,又能供应苹果生长所需的营养元素,因此,对提高苹果产量和品质有明显作用。试验证明,有机肥与化肥配合施用比单施化肥(在有效成分相同时)平均增产 34.6%,大小年结果的产量差幅也显著降低。建立一种以有机肥为主、化肥为辅的有机肥与化肥相配合的施肥模式是现代果园所必需的。

表2-7　宁夏农垦渠口苹果水肥一体化技术施肥方案(2020年)

生育期	N-P-K 配比	施用量(kg/亩)
萌芽前期	20-20-20+Te(缓控肥)	20
萌芽期	30--9-14+Te	7.25
花期	29--9-12+Te	8.75
结果期	23--9-23+Te	7.50
果实转色期	0-13-47+Te	3.75
成熟期	26--8-17+Te	8
合计		55.25

5　整形修剪

5.1　主枝培养

主枝培养应当从苹果树主干的80~100 cm处开始选择苹果的主枝。对于小冠疏层的第一层,应当选择3个位置合适同时具备较好长势的新梢培养成主枝,通常将角度设置为120°,将不同枝干之间的间距控制在17 cm。第二年,仍然需要采用同样的方法对第二层主枝进行修剪,以防对其光照造成影响,第一层以及第二层的主枝应当处于交差排列的形态。在对主枝进行修剪的过程中,必须要张开角度,将小冠疏层型主枝的角度控制在70°,将主干与第一副主枝之间的距离控制在20 cm左右,接着在向上同样距离的位置处反方向的选配第二副主枝。如果树头过高,必须及时进行落头,以防出现树冠内接,或者引起内膛衰弱的情况。对于纺锤形的主枝,一般将角度控制在 80°最为适宜,全树上下存在 10~15 个不同方向伸展的小主枝,将小主枝上的侧枝剪除,同时对过长主枝及时修剪。将过于茂密的枝干以及重叠枝干及时疏除,做好枝条数量的控制工作,使苹果树始终具备良好的树体结构,同时通过缓、疏、缩相结合的方式做好果树的修剪工作。

5.2 整形修剪常用的手法

修剪常用的手法有疏枝、甩放、回缩、短截、扭梢、环割、拉枝、开角等,这里主要讲疏枝、甩放和回缩。在修剪中,疏枝和甩放是现代苹果树修剪的 2 个主要手法,应用最普遍。

5.2.1 疏枝

将枝条(1 年生枝或多年生枝)从基部去掉叫疏枝,在实际修剪中无论是夏剪还是冬剪此手法用得最多、最普遍。疏枝的应用:疏除过密过大,影响光照,超过着生枝 1/3 粗度的枝条;疏除竞争枝;疏除徒长枝及萌条枝;疏除靠近地面过低的枝等,这些枝都是疏枝的范围。但是疏枝应用起来要具体对待,不能搞"一刀切"的方式,过去常说的"因树修剪,随枝造型"是非常有科学道理的,只要不影响通风透光,有生长空间余地,就保留,反之影响通风透光,无生长空间余地的坚决疏除,绝不客气。疏枝的作用就是解决果园的通风透光,以利于果实的生长和上色。疏枝的对象是竞争枝、过密枝、徒长枝、病虫枝、交叉枝、重叠枝。

5.2.2 甩放

甩放就是对 1 年生发育枝不动剪,不采取任何修剪手法,任其自然生长就叫甩放,也称长放。甩放的应用:甩放缓势,增加中短枝以促成花。甩放的对象以平斜枝、中庸枝为主,使其容易形成中短枝,直立枝、竞争枝,徒长枝不宜甩放,甩放有利于花芽的形成和枝条生长势的相对稳定。

5.2.3 回缩

回缩也叫缩剪,对于多年生枝的短截修剪叫回缩。回缩的应用:生产中,许多结果枝由于连年甩放,导致结果枝过长,造成树体密蔽互相交叉,可根据果园管理情况和花量对结果枝进行适度回缩。主要是主枝延长头回缩和结果枝回缩。现代果园修剪时回缩也是一个主要的修剪方法。回缩交叉重叠和密挤的枝(包括主枝),回缩也可以培养更新主枝和枝组。

5.3 夏剪

做好苹果树的夏剪工作,不仅可以加速果树的整修,而且可以有效缓和树势,使果树具备更高的坐果率,在促进果树发芽分化的同时,对其通风透光条件进行有效改善,进而实现丰收。在苹果树发芽以后,应当去掉无用的芽,并做好嫩梢的摘心工作,可以有效促进分枝以及花芽的形成,进而培育结果枝组。对于直立生长已经超过 1 m 的旺枝以及超过 20 cm 的新梢,需要对其进行拿枝以及扭梢,从而使树枝的生长以及角度得以改变,进而促进花芽的形成。要及时开展环割以及环剥工作,使环剥口上方多积累养分。在夏季,还需对剪锯口以及背上所萌发的徒长枝、竞争枝以及密集枝及时进行疏除,从而减少果树的养分消耗。在夏季结束前,还需采取拉吊的方式将主枝的角度拉开,从而帮助果树改善通风条件,提高光合作用。

图 2-3 苹果树夏季修剪

5.4 秋冬剪

在8月下旬—9月上旬,将树冠周围以及背上的过密挡光枝、徒长枝及时疏除,将部分瘦弱嫩枝进行修剪,从而抑制生长秋梢,使果树体内具备更高的养分贮藏量。秋剪主要就是将骨干枝背上的直立旺枝、树冠内的徒长枝、树冠下部的部分长结果枝以及群枝消除,采用吊枝或者立支柱的方式将空档拉开,从而使果树具备更好的光照条件,进而促进其着色。冬剪则是要将细弱枝以及过多的密植枝疏除,将衰弱冗长的结果枝组及时缩减,进而稳定结果位置,对枝干的数量进行有效控制,使果树减少营养流动,进而更好的度过寒冬。

图2-4　苹果树冬季修剪

6　花果管理

对于苹果种植工作而言,花果管理是一项重点工作,往往会对苹果的优质丰产造成较为严重的影响。在花果管理过程中,必须要做好花果管理工作。

6.1　花前复剪

花芽萌动期至开花前,花芽极易识别,此时进行花前复剪,调整花量,可提高当年坐果率,并有利于下年花芽分化,从而克服大小年。主要措施是疏除过于细弱、密挤的花枝和过多的营养枝,按距离或枝量保留适当的壮花枝。

6.2 人工授粉

6.2.1 花粉采集

在主栽品种开花前,选择适宜授粉的品种,在发育充实的果枝上采集含苞待放的铃铛花,采花后要及时摘取花药。人工取花药时,一手拿花,先去掉花瓣,再将雄蕊剥落到纸上,收集的花粉要放在干燥、无尘、通风的室内,温度保持在 20~25℃。花粉不要在阳光下曝晒或放在火上烘烤,经过 1~2 d 阴干,花药自动开裂并散出花粉,然后把花粉放在玻璃瓶中,置于阴凉、干燥处备用。

6.2.2 授粉

在开花的当天进行人工点授。将采集的花粉加滑石粉稀释,一般 1 份花粉加 4 份滑石粉,授粉工具可用毛笔、纸捻、香烟过滤嘴等,一般一个花序授 2~3 朵花。授粉时,不必逐花授,应根据留果量、花量、树势等情况授粉,花量少的旺树和小树要多授,大树、弱树要少授。

6.2.3 花期放蜂

角额壁蜂授粉能力是普通蜜蜂的 80 倍,较自然授粉坐果率可提高 2 倍以上。一般在开花前 1 周进行放蜂,将蜂茧放到蜂巢管内,蜂茧头朝向管口,并用卫生纸封住管口。每公顷放蜂 1 500 头左右。一般 5 d 左右是出蜂高峰期,正是苹果树初花期至盛花期,是最佳授粉期。需要注意的是,放蜂的苹果园在花期要禁止使用任何农药,以防止壁蜂中毒死亡。

6.3 喷激素和营养液

在苹果花期喷激素和营养液可明显提高坐果率。可在盛花期喷施 20~50 mg/kg 的赤霉素溶液,或花期喷施 0.3%尿素+0.3%硼砂混合溶液。

6.4 疏花疏果

从花序伸出期开始,间隔 15~20 cm 选留一个粗壮花序,其余的花序全部疏除。疏花序时,要保留果台副梢和莲座状叶,授粉条件好或花期气候条件好的果园可以疏花朵,一个花序只保留一个中心花。花期气候不稳定时,只疏花序不疏花朵,坐果后再行定果,每个花序留 1 个果。落花后 10 d 开始疏果,落花后的 30 d 内结束。留果量,小型果一般按叶果比 40~50:1、枝果比 3~5:1,大型果按叶果比 50~70:1、枝果比 4~6:1,或按果间距 15~25 cm 留一个果,把多余的幼果全部疏除。疏果时,应选留果形端正的中心果,多留长果枝和果顶向下生长的果,少留侧向及背上着生的果,以改善果形。及早疏除梢头果、病虫果、畸形果和向上生长的果。

6.5 套袋和除袋

苹果套袋有六大好处:促进果实着色、提高果面光洁度、减少病虫危害、减少农药污染、提高整体产量、改善果肉细度。

6.5.1 套袋

苹果袋有塑料袋和纸袋两类,纸袋有单层袋和双层袋。生产优质苹果应选用质量较好的双层果袋,一般外袋表面为灰白色,里面为黑色,内袋为半透明红色的蜡纸。双层纸袋的透光度越低,套袋效果越好,果面越光洁,着色越鲜亮。套袋的最佳时期是落花后 20~30 d。套袋前,必须喷布一次杀菌剂、杀虫剂,然后选择授粉良好、坐果可靠、果形端正的果实套袋。先将果袋吹开鼓起,使两角的通气放水口张开,一手托起果袋,将幼果套入袋内,露出果柄,再从袋口中间向两边依次按折扇方式折叠袋口,用袋口的铁丝捆扎结实。操作时,不要用力触摸果实,防止擦伤。纸袋套好后,果实在袋内应呈悬空状态。

图 2-5　果实套袋

6.5.2　除袋

除袋时期要根据市场对果实颜色要求而定。要求色泽鲜艳时,在采前 10~15 d 除袋;浓色精品果或着色条件较差的,在采收前 20~35 d 除袋,宜在 10:00 前或 16:00 后进行,以防果实灼伤。外围果于晴天上午去袋,内袋果则在晴天 16:00 或阴天时去袋效果较好。

6.6　铺设反光膜

果实成熟期在树冠下铺设反光膜,促进果实着色。一般每行树冠下离主干 0.5 m 处南北向每边各铺一幅宽 1 m 的反光膜,将反光膜边缘用土压实。采果前,将反光膜洗净回收,晾干贮藏以下年备用,一般可连用 3~4 年。

6.7　疏枝、摘叶及转果

苹果采收前 30~40 d 开始进行疏枝、摘叶及转果,以增加果实的浴光量,促进着色。

6.7.1　疏枝

疏除树冠外围和果实附近的密生新梢,重点是去除背上直立徒长枝、密生枝和树冠外围多余的梢头枝。

6.7.2　摘叶

摘叶分两次进行。第一次在 9 月底,首先摘除贴果叶片和果台枝基部叶片,适当摘除果实周围 5~10 cm 范围内枝梢基部的遮光叶片;第二次在采前 7~10 d,摘除部分中长枝下部叶片。摘叶量一般控制在总叶量的 30% 左右。

6.7.3　转果

转果在除袋 1 周后进行。果实的向阳面充分着色后把果实的背阴面转向阳面,有条件的可用透明胶带固定,促进果实背阴面着色。

6.8　采收

6.8.1　分批采收

为促进果实着色和提高果实含糖量,应根据收购要求适期分批采收。

6.8.2　选晴天采摘

如果采收时湿度大,有露水、雨滴留存,采下的果实容易腐烂,不耐贮藏。因此,应选晴天采摘。

6.8.3　采摘顺序

先采树冠外围和下部的果实,后采上部和内膛的果实,逐枝采净。

6.8.4　采摘方法

采摘时,应轻采、轻放、轻卸,避免碰伤和指甲刺伤果实,保护果梗。为避免果梗磨伤和刺伤其他果实,可将果梗随即剪到梗洼深处。

7 病虫草害绿色防控

近年来,随着宁夏果树栽种面积的不断增加,苹果的年产量逐渐提高。由于宁夏在果树栽培管理制度方面的调整,加上温度、降水等气候条件的影响,苹果园内的生态系统有所改变,果树上病虫害频发,影响了苹果产量及品质。为做好宁夏苹果树常见病虫草害的综合防治,现对主要病虫草害发生的种类及综合防治进行简单的探讨。

7.1 常见苹果病害及防控

7.1.1 苹果树腐烂病

【发病症状】

苹果树腐烂病主要发生在 6 年生以上的结果树上,为害枝干的皮层,造成韧皮部腐烂,甚至为害贴近皮层的次生木质部,症状表现有溃疡型和枝枯型两种。早春或夏秋溃疡型腐烂病在主干上部、主枝基部及隐芽轮痕或剪锯口周围等部位。病部树皮呈现红褐色,水渍状,微隆起,质地松软,有酒糟味,后失水干缩凹陷,变成黑褐色至炭黑色,边缘有裂缝。枝枯型腐烂病一般春季在 2~5 年生衰弱树、小枝、剪口、干枯桩与果台等部位发病,病部不隆起,呈湿腐状,迅速失水干枯,密生小黑粒点,致使病枝很快枯死。

【病原】

病原菌 *Valsa mali* Miyabe et Yamada 属于子囊菌门核菌纲球壳菌目蕉孢壳科腐皮壳属;无性阶段为 *Cytospora sp.*,属于半知菌门壳囊孢属。

【发病规律】

苹果树腐烂病病菌以菌丝体、分生孢子器及子囊壳在病残枝、树干的病皮皮层中越冬,翌年春天天气潮湿时产生孢子角,通过雨水淋溅或经雨水冲散后随风传播。此外,昆虫也可传播该疾病。腐烂病具有潜伏浸染、易复发等特点。病菌在生长健壮但有局部坏死组织的树上定殖,潜伏带菌,一旦树势衰弱,树体抗病能力降低,病菌便会从潜伏状态表现出强烈的致病性,迅速扩散,使果树发病。

苹果树腐烂病在宁夏果区每年 2 月下旬开始发病,3~4 月为发病盛期,发病率约占全年 70%,此时发病迅速增多,病斑迅速扩展。5 月份进入生长期后,发病渐少,病斑扩展减缓。8 月上旬又开始发生腐烂病,8 月中旬~9 月上旬是第二次发病高峰, 发病率约占全年的 30%。10 月上旬后随气温降低,发病减少。

【防治方法】

该病防治首先需要做好栽培技术管理, 提升树势整体效果。合理的控制树木本身的负载程度,减少因为生长中所承受的过重负荷,降低对后续新叶与嫩芽生长构成的阻力。

其次在施肥上需要将有机肥与农家肥结合,由此保持土壤肥力,确保树木有充分的营养供给,满足不同阶段的肥力所需。肥力的提升可以有效地保证苹果树对病害的抗病能力,提升树木本身的强壮程度。

还可以通过化学方式处理,在每年的 3~4 月份,可以运用杀菌药、石硫合剂等对树木整体做全面的喷洒用药。同时对树木的主干也可以外涂石硫合剂来防控腐烂病。

7.1.2 苹果白粉病

【发病症状】

苹果的幼芽、新梢、嫩叶、花、幼果均可受害。受害芽干瘪尖瘦,新梢节间缩短,发出的叶片细长,质脆而硬,受害嫩叶背面及正面布满白粉。花器受害,花萼、花梗畸形,花瓣细长。病果多在花萼洼或梗洼处产生白色粉斑,果实长大后形成锈斑。

【病原】

苹果白粉病的病原为叉丝单囊壳 *Podosphaera leucotricha*(Ell.et Ev.)Salm.,属子囊菌门核菌纲白粉菌目。无性阶段 *Oidium* sp.,属半知菌门。

【发病规律】

病菌以菌丝在冬芽的鳞片间或鳞片内越冬。春季冬芽萌发时,越冬菌丝产生分生孢子经气流传播侵染。病原菌菌丝主要在病斑表面蔓延,以吸器伸入细胞内吸收营养物质;发病严重时,菌丝有时可进入叶肉组织内。通常在 3 月下旬开始发生,4 月中下旬进入第一次发病高峰期。主要危害新梢,病梢率 10%~30%。6 月初病害逐渐下降,一般在 7 月下旬又会出现一个发病高峰期。

【防治方法】

防治白粉病首先要做到减少菌源。结合冬季修剪,剔除病枝、病芽;早春及时摘除病芽、病梢,减少菌源。

其次要加强管理。施足底肥,控施氮肥,增施磷、钾肥,增强树势,提高抗病力。

最后药剂防治。春季开花前嫩芽刚破绽时,喷布 1 度波美石硫合剂等保护剂,消灭越冬病芽中的病原菌。戊唑醇,代森联为苹果产业体系推荐防治苹果白粉病的首推药剂,腈菌唑也是防治白粉病的有效药剂。发病时,喷施代森联水分散粒剂(百泰)或 25%戊唑醇乳油。10%世高(苯醚甲环唑)水分散粒剂,12.5%腈菌唑乳油均有较好的防治效果。

7.1.3　苹果轮纹病

【发病症状】

轮纹病又名粗皮病、轮纹烂果病。可在苹果枝干上引起瘤状凸起及粗皮的症状,在苹果果实上引起棕褐色的轮纹状病斑,导致烂果。苹果轮纹病粗皮症状主要为害枝干和果实,也可为害叶片。为害枝干,皮孔膨大,隆起,第二年形成瘤状突起。随着枝条生长,病瘤继续扩大,在生长后期,病斑周围形成木栓化组织,病健处开裂,病瘤翘起。树皮粗糙,影响水分运输,导致树体死亡。幼果期不发病。果实受病,发病初期,在果面部分出现圆形、黑色至黑褐色小斑,逐渐扩大成轮纹状软化腐烂。发病后期在病斑表面形成黑色小粒点状的分生孢子器,偶尔从分生孢子器中溢出白色丝状孢子角。所有苹果品种上虽都可产生轮纹状病斑,但有时轮纹不明显。

【病原】

苹果轮纹病的病原是子囊菌纲座囊菌目的 *Botryosphaeria dothidea*, 与苹果干腐病的病原相同。无性阶段为 *Macrophoma kawatsukai* Hara，属于半知菌门球壳孢目大茎点属。

【发病规律】

轮纹病的病原菌在被害苹果树干上以分生孢子器、菌丝体等越冬，一般存活年数可达到 4~5 年。每年 4~6 月产生孢子，成为危害苹果树的初侵染源。分生孢子通过雨水传播到周围 10 m 的范围内。苹果树落花后的 10 d 左右病菌对刚结出的幼果产生侵染，侵染高峰期发生在 4~7 月，7 月后果实侵染率很低。

【防治方法】

首先要加强对苹果树的管理，提高树体的长势，改善果园的透风透光条件，尽量不要在苹果树上环剥，减少多效唑的使用，均衡施入氮磷钾肥。

其次采取以铲除枝干上的菌源、生长期时提前喷药预防等为主的综合防治措施。苹果树发病后及时将病斑刮除，在树体发芽之前喷 40%氟硅唑乳油、50%多菌灵可湿性粉剂等。果实处于生长期时喷施保果药，分别在 5 月中旬、6 月上旬、6 月下旬、7 月中旬、8 月上旬喷施。落花后 1 周左右喷 3%多抗霉素水剂等。第一次喷药时苹果的幼果长势弱，药剂不能选择容易产生药害的波尔多液等，以具有内吸作用的杀菌剂为佳。各种药剂不可长期使用，应交替使用。每次降雨后及时喷药。

此外，及时对苹果进行套袋处理，对该病防治也有很好的效果。

7.1.4 病毒性花叶病

【发病症状】

苹果花叶病有如下几种症状类型。

花叶型:病叶上出现大小不等、形状不定、边缘清晰的鲜黄色病斑。

斑驳型:病叶上出现较大块的深绿与浅绿的色变,边缘不清晰。

环斑型:病叶上产生鲜黄色环状或近环状斑纹,环内仍呈绿色。条斑型病叶沿叶脉失绿黄化,并延至附近的叶肉组织。有时仅主脉及支脉发生黄化,变色部分较宽;有时主脉、支脉、小脉都呈现较窄的黄化。使整叶呈网纹状。

镶边型:病叶边缘的锯齿及其附近发生黄化,从而在叶缘形成一条变色镶边,病叶的其他部分表现正常。

【病原】

在我国侵染苹果的病毒有六种。即苹果褪绿叶斑病毒(A-CLSV)、苹果茎痘病毒(ASPV)、苹果茎沟病毒(ASGV)、苹果锈果类病毒(ASSV)、苹果花叶病毒(ApMV)和苹果绿皱果病毒(AGCY)。苹果花叶病是由苹果花叶病毒(Apple mosaic virus)侵染所致。

【发病规律】

苹果病毒病均主要是通过嫁接传染。苹果树感染花叶病后,便整株带病毒,无论砧木或接穗带毒,嫁接均可形成新的病株。接触传染,果园修枝等农事操作,切刀不消毒,容易造成传染。

【防治方法】

首先,加强检疫工作。对国外和国内其他地方引进的苹果树苗和繁殖材料,均要进行苹果病毒的检测,对携带病毒者,实行限制措施。

其次,要建立无病毒健康种苗培育基地。热处理种苗可脱除苹果病毒。不同病毒脱毒条件需要具体摸索。可以由政府或者公司建立无病毒种苗繁殖基地,提供健康种苗给果农。这种方式防控病毒病能够达到较好的效果。

再次,要杜绝病毒传播。选用无病毒接穗和实生砧木采集接穗时一定要严格挑选健株。砧木要采用种子繁殖的实生苗。避免使用根蘖苗,尤其是病树的根蘖苗。在育苗期加强苗圃检查,发现病苗及时拔除销毁,以防病害传播。在修枝打叉时,注意修过病树的切刀要消毒处理。

最后,药剂防治。春季发病初期,可喷洒 1.5%植病灵乳剂或83 增抗剂、20%盐酸吗啉胍铜可湿性粉剂(毒克星,原名病毒 A),隔 10~15 d 喷洒 1 次,连续 2~3 次。

7.1.5 斑点落叶病

【发病症状】

主要发生在嫩梢叶片上,以秋梢受害最重,也能危害嫩枝和果实。叶片发病,产生褐色近圆形斑点,病斑逐渐扩大,直径 5~6 mm,红褐色,边缘为紫褐色。有时病斑中央有一深褐色小点,外围有一深褐色环纹。天气潮湿时,病部正反面产生墨绿色至黑色霉状物(分生孢子梗和分生孢子)。发病后期,病斑中央多呈灰褐色至灰白色。在高温多雨季节病斑迅速扩展,或数斑联合,形成不规则形褐色大斑,其后叶片焦枯脱落。秋梢嫩叶染病后,叶片上常可见许多大小不等的病斑,连在一起呈云朵状,叶尖干枯,叶片扭曲畸形。

【病原】

病原物为细链格孢菌苹果专化型 *Alternaria mali* Roberts。

【发病规律】

病菌以菌丝体在病叶、病枝等病残体和秋梢顶芽上越冬。4~5月降春雨时,越冬病菌可产生大量分生孢子,通过风雨传播,从伤口侵入或从表皮直接侵入幼叶、新梢和果实等组织。病菌主要侵染展叶后 20 d 内的嫩叶和新梢,病害潜育期只有 1~3 d。病害发生时间因地区而异。

【防治方法】

首先,清园消除越冬菌源。秋末清除园内的落叶,集中处理。冬前深翻果园,促进病残体分解。早春苹果发芽前,在树体及其地面喷布 5 度波美石硫合剂,铲除越冬菌源。

其次,要加强栽培管理。提高树体抗病力,土壤肥力较差的果园,要增施肥料,种植绿肥,合理间种,合理修剪,注意改善树冠内的通风透光条件。

最后,药剂防治。早期落叶性病害的药剂防治重点应在前期,一般在落花后 10~20 d 即开始喷第一次药,每隔 10~15 d 喷 1 次药,连续喷施 4~5 次,可有效控制早期落叶病。可以从发病前半月开始喷洒保护剂,常规的杀菌剂都有保护效果,如多菌灵、代森锰锌扑海因等,其中波尔多液效果最好。

7.1.6 苹果锈病

【发病症状】

苹果树锈病主要为害叶片、叶柄、新梢及幼果等幼嫩组织。被害叶正面的病斑初为橘红色小圆点,直径1~2 mm(此期为最佳用药防治期)。7~10 d以后,随斑点扩大,中间长出许多黄色小点,分泌出蜜露,渐渐变成黑色小点,同时叶背相应部位隆起,并长出丛生的黄褐色胡须状物。叶柄受害后,病部橙黄色,纺锤形,膨大隆起,其上也出现黄色小点和黄褐色胡须状物。新梢症状和叶柄相似,但后期病部凹陷,龟裂,易折断。幼果受害多在萼洼附近形成圆形、橙黄色斑点,直径1 cm左右,后期病斑变褐,中间出现小黑点,周围也会长出胡须状物。

【病原】

该病病菌为山田胶锈菌,属担子菌亚门真菌。

【发病规律】

病菌以桧柏类植物绿枝或鳞叶上形成的菌瘿中的菌丝体越冬,第二年春天菌瘿吸水膨胀,形成冬孢子并萌发产生小孢子,小孢子借助风力可传播到5 km范围内的果树上,并在果树叶片或新梢、幼果上形成孢子器和性孢子,继而产生锈孢子器和锈孢子,秋季锈孢子又随风传回桧柏等转主寄主上越冬。

【防治方法】

首先,在防治中需要避免在果园10 km范围内种植柏树,避免松柏树木的苗圃设置。同时在有关区域内的道路、景观附近范围种植柏科类的绿化树木。

其次,用药防治方面,从果树展叶期开始,保持每间隔10~15 d的一次杀菌药物使用,持续做2~3次,做好树叶的保护。同时做好天气预报的观看,在降雨前做好杀菌药的提前使用,防控因为降雨而导致病菌感染。

7.1.7 苹果炭疽病

【发病症状】

主要为害快成熟的果实。发病初期,果面出现淡褐色水浸状小圆斑,并迅速扩大。果肉软腐味苦,果心呈漏斗状变褐,表面下陷。呈深浅交替的轮纹,环境适宜时,迅速腐烂,而不显轮纹。在病斑表面下常见形成许多小粒点,后变黑色,即病菌的分生孢子盘,略呈同心轮纹状排列。

【病原】

病原菌 *Glomerella cingulata* （Stoneman）Schrenk et Spaulding 属子囊菌门球壳菌目小丛壳属。无性阶段为 *Colletotrichum gloeosporioides*（Penz.）Penz. et Sacc.,属半知菌的黑盘孢目盘圆孢属、炭疽菌属无刚毛型。

【发病规律】

病菌以菌丝体在枝条的溃疡部、枯枝及僵果上越冬,翌年春季产生分生孢子,成为初侵染源,借风雨和昆虫传播。在苹果的一个生长季节内,可以发生多次再侵染。凡已受侵染的果实,在贮藏期间侵染点继续扩大成病斑而腐烂,但贮藏期一般不再传染。

【防治方法】

首先,要及时清除越冬菌源。结合冬季修剪,彻底剪除树上的枯枝、病虫枝、干枯果台和小僵果等,在春季苹果开花前,还应专门进行一次清除病原菌的工作,在果树近发芽前,喷布一次果康宝膜剂,杀灭树上的越冬病菌,这是重要防治措施。生长期发现病果或当年的小僵果,应及时摘除,以减少侵染源。

其次,在生长期进行药剂防治。根据苹果炭疽病发生早、为害期长和再侵染频繁的特点,连续喷药预防控制,80%代森锰锌可湿性粉剂,75%百菌清可湿性粉剂,或10%世高等都具有较好的防控效果。

7.1.8 苹果小叶病

【发病症状】

主要表现于新梢及叶片。春季病枝常发芽较晚。抽叶后,叶片狭小细长,叶缘略向上卷,质硬而脆,叶色淡黄绿色或浓淡不匀。病枝节间缩短,枝条丛生、枯死。病枝上不容易形成花芽,花较小而色淡,不易坐果,果实小、畸形。

【病因】

该病症是苹果树的锌素缺乏症。锌是苹果树生长发育的必要微量元素之一。在植物体内锌与生长素的合成有密切关系。锌素缺乏时,生长素合成受影响,因而表现为叶和新梢的生长受阻。锌与叶绿素合成也有关系,缺锌时表现为叶色较淡,甚至表现黄化、焦枯。

【防治方法】

增加锌的供应或释放被固定的锌元素,是防治该病的有效途径。秋季施基肥50 kg增强树势,降低土壤pH值,增加锌的溶解度,便于果树吸收利用。落叶前期,根外施15%硫酸锌,萌芽初期,根外施0.5%硫酸锌。对盐碱地、黏土地、沙地等土壤条件不良的果园,应该采用生物措施或工程措施改良土壤,释放被固定的锌元素,创造有利于根系发育的良好条件,可从根本上解决缺锌小叶病问题。

7.1.9 苹果苦痘病

【发病症状】

患苦痘病的苹果果实,在果肉内有褐色小斑,通常在果面附近,绝大多数病斑环绕果萼末端。初期从果实外表上不易看出,随后在果皮上出现呈绿色或褐色凹陷状的圆形病斑,直径在 1.6~3.2 mm。当苹果去皮时,在患病部发现有大量的干燥海绵状组织。果实采收时可能不显症状,采收后在贮藏销售期间这种病将进一步发展。在 10℃下经 7~10 d 病疤大量出现,在 0℃需 1~1.5 个月才有明显病疤出现。

【病因】

施氮肥过量及果实中含钙量低,接近成熟时的温暖气候和干旱时间长,果实采收太早,果实较大,果树低产,重剪等都可能造成苦痘病。

【防治方法】

首先,采前进行喷药。用氨基酸钙或氯化钙溶液对果实进行采前喷布,每隔 1~2 周喷 1 次,共喷 3~4 次,增加果实对钙的吸收。采前喷布处理必须使用 0.7%以下的氯化钙溶液,较高浓度可能引起叶片伤害。

其次,要采后浸果。果实采后用氯化钙溶液浸果,也能有效地提高果实含钙量。浸果的时间在采后 10 d 之内进行最为适宜。如再延期处理,效果明显削弱。为了切实地应用于生产,特别注意用

4%氯化钙浸果处理应是含钙量低于0.08%的果实。

最后,贮藏期进行防治。所有防止果实衰老的贮藏条件,均可抑制苦痘病的发生。所以在果实收获和贮藏之间停留的时间太长,采后推迟降温以及贮藏温度较高等,都可以加速苦痘病的发生。

7.2 常见苹果虫害及防控

7.2.1 绿盲蝽

【形态特征】

绿盲蝽成虫体卵圆形,黄绿色,体长5 mm左右,宽2.2 mm,触角绿色,前翅基部革质,绿色,端部膜质,灰色,半透明。若虫体绿色,有黑色细毛,翅芽端部黑色。

【危害症状】

苹果树上主要为害嫩叶、嫩梢、花、幼果。若虫危害幼叶时,初现许多针刺状红褐色小点,随着叶片生长,小点形成不规则孔洞。苹果幼嫩果实被害后,先在吸孔处溢出红褐色果胶,再以吸孔为中心,形成凹凸不平的瘤或锈疤。花序被害后,被害花瓣出现许多红色小点,花蕾停止发育,枯萎脱落。苹果幼果被危害后,随着果实发育膨大,苹果表面出现2~3 cm² 锈疤或瘤子,并有一针刺状小孔。每年果树萌芽期,发育到2龄后向树上转移,为害幼叶或果实。

【发生规律】

果树、杂草等阔叶植物的幼嫩组织均可作为绿盲蝽的食源,利于绿盲蝽的发生和繁衍。在生育期一直有发生,1代和2代成虫发生的数量比较多,2代成虫于6月下旬达到高峰，大量成虫扩散到其他寄主植物上为害,3代和4代虫量相对少一些,5代成虫于9月下旬大量迁回果园产卵越冬,发生数最多,且持续时间较长,9月中旬~11月上中旬均有成虫发生。虫体小,世代重叠,善隐藏,成虫迁飞能力强,可在不同寄主上转移危害。移动分散式危害,卵产于植物组织体内不易被发现等因素,都导致绿盲蝽防治起来困难。

【防治方法】

首先,冬季清除园内及周边杂草,消灭上面的越冬卵。果园内不套种其他作物。科学管理果园,及时修剪和摘心,消灭潜藏的若虫及卵,解决果园郁闭、杂草丛生等现象。

其次,进行药剂防治。在果树萌芽前、花前、花后及幼果期分别用药防治，使用5%高效氯氟氰菊酯与70%吡虫啉复配全园均匀喷雾防治。

7.2.2 蚜虫

苹果上的蚜虫种类较多,有棉蚜、桃蚜、瘤蚜等。

【形态特征】

棉蚜:干母,体纺锤形,长1.4~1.6 mm,头部狭小,胸部稍宽,腹部肥大,全体深灰绿色,上覆盖一层白色蜡毛。无翅孤雌成蚜,体呈卵圆形,长1.7~2.1 mm,宽0.9~1.3 mm。

桃蚜:无翅孤雌蚜体长约2.6 mm,体色绿、青绿、黄绿、淡粉红至红褐色。头部额瘤显著,内倾。双管端部黑色,尾片黑褐色,有翅孤雌蚜体长约 1.6~2.1 mm,头、胸黑色,腹部淡色。额瘤明显内倾。腹部第 4~6 节背面有 1 大黑斑。卵长椭圆形,长 0.7 mm,初淡绿色,后变黑色。

瘤蚜:无翅孤雌成蚜体长 1.4~1.6 mm,卵圆形,体暗绿色或褐绿色,头黑色。复眼暗红色,具有明显的额瘤。有翅孤雌成蚜体长 1.5 mm 左右。卵圆形。头、胸部暗红色。具明显的额瘤。若蚜体浅绿色。卵长椭圆形,黑绿色,有光泽。

【危害症状】

棉蚜:主要危害枝干和根系。群集在枝干的病虫伤口、锯剪口、老皮裂缝、新梢叶腋、短果枝、果柄、果实的梗洼和萼洼进行危害。枝干或根被害后,起初形成平滑而圆的瘤状突起,严重时肿瘤累累,有些肿瘤破裂,造成大小和深浅不同的伤口。果实受害,多集中在梗洼和萼洼周围,并产生白色棉絮状物。

桃蚜:成虫及若虫在树叶上刺吸汁液,造成叶片卷缩变形。

瘤蚜:成、若蚜群集叶片、嫩芽吸食汁液,受害叶边缘向背面纵卷成条筒状。通常仅危害局部新梢,被害叶由两侧向背面纵卷,有时卷成绳状,叶片皱缩,瘤蚜在卷叶内危害,叶外表看不到瘤蚜,被害叶逐渐干枯。

【发生规律】

棉蚜:一年发生 8~9 代,主要以一龄和少数二龄若虫在树体上群聚越冬。越冬的部位大多在中、下部的主枝和大枝上。在枝干上有愈伤组织、剪锯口、皮隙缝等处或在根瘤上群集。越冬的成活率随越冬群体的大小而不同,群体越大,成活率越高。

桃蚜:一年发生20多代,世代重叠严重。冬季以卵在桃树等核果类果树的枝条、芽腋间、裂缝等处越冬。越冬卵翌年3~4月孵化为干母,先群集在苹果、桃、李的芽上为害,花和叶开放后转害花和叶片。秋末产生有翅蚜迁回果树上危害,孤雌生殖数代后产生性蚜,雌雄交配后以卵越冬。

瘤蚜:一年发生10多代,以卵在一年生枝条芽缝、剪锯口等处越冬。次年4月上旬,越冬卵孵化,自春季至秋季均孤雌生殖,发生为害盛期在6月中、下旬。10~11月出现有性蚜,交尾后产卵,以卵态越冬。

【防治方法】

首先,要合理保护利用天敌。苹果蚜虫天敌种类丰富,主要包括捕食螨、食蚜蝇、瓢虫、寄生蜂、草蛉等,进行田间防治时,应充分利用绿色防控技术或使用生物制剂、低毒低残留药剂,维护田间生态平衡。

其次,利用黄板诱蚜。蚜虫具有较强的趋黄性,在果园内放置黄板诱杀成蚜。

最后,进行药剂防治。在果树发芽前,结合防治其他害虫,喷施石硫合剂或45%石硫合剂晶体,灭杀越冬卵。在果树萌蚜后至开花前,越冬卵孵化盛期喷施药剂。药剂可选择,10%吡虫啉、30%啶虫脒乳油等。

7.2.3 桃小食心虫

【形态特征】

桃小食心虫又名桃蛀果蛾,属于鳞翅目蛀果蛾科。成虫体长

5~8 mm,全体灰白色或灰褐色。前翅近前缘中部有 1 近似三角形蓝黑色大斑。翅基部和中央部位有 7 簇黄褐色或蓝褐色的斜立鳞片。卵初产时淡红色,后变为深红色,略呈竖椭圆形,顶端生 2~3 圈"Y"形刺。老熟幼虫体长 13~16 mm,桃红色,前胸气门前毛片具毛 2 根,腹足趾钩呈单序环状,无臀栉。蛹长 6.5~8.6 mm,淡黄色至黄褐色,羽化前变为灰黑色。茧有两种,越冬茧扁圆形,质地紧密;夏茧纺锤形。

【危害症状】

以幼虫蛀害幼果,由入果孔溢出泪珠状汁液,干涸成白色蜡状物,受害幼果发育成凸凹不平的畸形果,幼虫钻出果外,果面留有较大虫孔,孔外有时附着虫粪。

【发生规律】

以老熟幼虫在土中结冬茧越冬。绝大多数茧集中在树干下 3~6 cm 的土层中越冬。翌年温湿条件适宜时,越冬幼虫爬到地面隐蔽场所结夏茧化蛹。

【防治方法】

首先,适时翻耕土地。结合开沟施肥,秋冬深翻树盘,可有效杀伤在土壤内越冬的幼虫。

其次,进行地面施药处理。可以撒毒土,用 15%乐斯本颗粒剂或 50%辛硫磷乳油与细土充分混合,均匀撒在树干下地面,并将毒土与土壤耙均、整平。或者进行地面喷药,用 48%乐斯本乳油,在越冬幼虫出土前喷湿地面。耙松地表即可。

还可以进行物理防治。使用桃小性诱剂在越冬代成虫发生期进行诱杀。

最后为药剂防治。在卵孵化初期,喷施灭幼脲 3 号、48%乐斯本乳油、20%杀灭菊酯乳油、10%氯氰菊酯乳油、2.5%溴氰菊酯乳油。

7.2.4　红蜘蛛

【形态特征】

红蜘蛛属于蛛形纲蜱螨目叶螨科。雌成螨体长约 0.5 mm,体宽约 0.3 mm,椭圆形,深红色。足 4 对,黄白色。雄成螨体长约 0.4 mm,宽约 0.2 mm,体菱形,自第 3 对足后方收缩,尾端较尖。体色橙黄色,体背两侧有 2 条黑斑纹。卵圆球形,直径约 0.15 mm,橙红色至橙黄色。卵多产于叶背面,常悬挂在丝网上。幼螨乳白色,足 3 对。若螨卵圆形,足 4 对,橙黄色至翠绿色。

【危害症状】

苹果红蜘蛛常在叶片正面活动危害。一般不吐丝结网。受害后叶片最初呈现很多的失绿灰白色小斑点,但一般不落叶。严重年份也可危害幼果。

【发生规律】

一年发生多代,以受精的雌成螨在枝干翘皮、树皮裂缝、树杈处和树干基部越冬。大发生年份,可在落叶下、枯草根际、土地缝隙、石块下面等处越冬。翌年早春花芽膨大时,越冬雌成螨开始出蛰为害露绿嫩芽,展叶后转至叶背为害。雌螨有吐丝拉网习性,成螨常在丝网上爬行,并将卵产在叶脉两侧及丝网上。在高温干旱气候条件下易大发生。

【防治方法】

首先,可以进行农业防治。清洁果园,消灭越冬雌虫,降低越冬基数。越冬前进行树干束草环,引诱雌螨越冬,翌年在红蜘蛛出蛰前解下草环,并刮除树干翘裂树皮,清洁枯枝落叶,集中销毁,消灭越冬雌成螨。

其次,生物防治。注意保护和利用天敌。

最后,进行化学药剂防治。苹果休眠期、萌芽前10 d,于树干基部尤其是主干及第1层主枝周围地面,喷洒石硫合剂,杀死越冬成螨,降低虫口基数。越冬成螨出蛰上芽为害时,可选用1%阿维菌素、2.5%天王星等药剂。杀卵可用9.5%螨即死,15%哒螨酮等。

7.2.5 苹果小卷夜蛾

【形态特征】

苹果小卷叶蛾为鳞翅目卷叶蛾科。成虫:体长6~8 mm,翅展13~23 mm,淡棕色或黄褐色。体黄褐色,前翅长方形,基斑、中带和端纹明显,中带由中部向后缘分权,呈"h"形。幼虫:体长13~15 mm。体翠绿色或黄绿色,整个虫体两头尖。头明显窄于前胸。大幼虫头黄褐色或黑褐色,在侧单眼区上方偏后具一黑斑。幼虫性情活泼,一遇振动常吐丝下垂。第一对胸足黑褐色,具6根以上臀刺。卵:扁圆形,乳黄色,多粒卵,常为30~70粒呈鱼鳞状排列。蛹:黄褐色,长约10 mm。

【危害症状】

主要对苹果树的叶片、芽、果实花产生为害,幼虫食用苹果树叶片造成边缘部位发生卷曲,之后吐丝缀合嫩叶。大幼虫食用叶片造成缺刻状,或者造成果实上出现不规则的小坑洼(紫红色)。

【发生规律】

苹果小卷叶蛾在北方地区一般一年发生 3 代,以初龄幼虫潜伏于苹果树上的枯叶、老皮的缝隙中越冬。

【防治方法】

首先,春季或初冬刮除老翘皮、剪锯口周围死皮组织,伤口周围死皮组织,消灭越冬幼虫。果树树芽萌动前,用敌敌畏稀释液等药剂涂抹剪锯口、伤口和老翘皮。可杀死大量越冬幼虫。

其次,成虫期用性诱器诱杀成虫。

最后,进行适时的化学防治,要把握好关键时期,在花蕾萌动时喷施 38%~42% 的毒死蜱乳油。6 月中下旬~7 月上旬小卷叶蛾第一代卵、幼虫大量出现,要在桃小食心虫防治的同时开展小卷叶蛾的防治。

7.3 常见苹果草害及防控

7.3.1 反枝苋

【其他名称】

西风谷、野苋菜。

【形态特征】

成株茎直立,有分枝,稍显钝棱,密生短柔毛,株高 20~80 cm,叶互生,具短柄,菱状卵形或椭圆形,长 4~10 cm,先端锐尖或微凹,基部楔形,全缘或波状缘,两面及边缘具柔毛。圆锥花序较粗壮,顶生或俯生、由多数穗状花序组成。

幼苗叶长椭圆形,先端钝,基部楔形,具柄,子叶腹面呈灰绿色,背面紫红色。后生叶有毛,柄长。下胚轴发达,紫红色,上胚轴不发达。

【生物学特性】

一年生草本,适应性强,喜湿润环境,比较耐旱。

7.3.2 藜

【其他名称】

灰菜,灰条菜,落藜。

【形态特征】

成株茎直立,多分枝,株高 60~120 cm。叶片菱状卵形至宽披针形,互生,具长柄。叶基部宽楔形,叶缘具不整齐锯齿,下面生有粉粒,灰绿色。花两性,整个花集成伞状花簇,有花簇排成密集或间断而疏散的圆锥状花序,顶生或腑生。花小,黄绿色。花被片 5片,宽卵形至椭圆形,具纵隆脊和膜质边缘。雄蕊 5 枚,柱头 2 枚。幼苗的子叶近线形,或披针形,长 0.6~0.8 cm,先端钝,肉质,略带紫色,叶下面有白粉,具柄。初生叶 2 片,长卵形,先端钝,边缘略呈波状,主脉明显,叶片下面多呈紫红色,具白粉。上胚轴及下胚轴均较发达,紫红色。后生叶互生,卵形,全缘或有钝齿。

【生物学特性】

一年生草本,种子繁殖。适宜发芽温度为 10~40℃。

7.3.3 打碗花

【其他名称】

小旋花。

【形态特征】

成株,地下具白色横走根茎,茎蔓生、缠绕或匍匐分枝,具细棱。叶互生,具长柄,基部的叶全缘,近椭圆形,长 1.5~4.5 cm,先端钝圆,中、上部的叶三角状戟形,中裂片披针形或卵状三角形,顶端钝尖,基部心形,侧裂片戟形,开展,通常二裂,两面无毛,花单生于叶腋,花梗具细棱,长于叶柄,长 2.5~5.5 cm,苞片 2,宽卵形,长 0.8~1 cm,包住花萼,萼片 5,长圆形,略短于苞片,具小突尖;花冠漏斗状,粉红色或淡紫色,长 2~2.5 cm;雄蕊基部膨大,具小鳞毛,子房 2 室,柱头 2 裂,扁平。

子实,蒴果卵圆形,光滑,几与宿存萼片等长,种子卵圆形,黑褐色,长约 4 mm。

幼苗粗壮,光滑无毛。子叶近方形,长约 1 cm,先端微凹,基部近戟形,有长柄。初生叶一片,阔卵形,先端钝圆,基部耳垂形全缘,叶柄与叶片几等长。下胚轴发达,上胚轴不发达。

【生物学特性】

多年生蔓性草本,具粗壮的地下茎。以地下茎和种子繁殖。适生于润湿而肥沃的土壤,耐贫瘠干旱的环境。

7.3.4 狗尾草

【其他名称】

谷莠子,狗毛草,莠。

【形态特征】

成株秆疏丛生,直立或倾斜,株高 30~100 cm。叶舌膜质,长 1~2 mm,具环毛。叶片条端渐尖,基部圆形。圆锥花序紧密,呈圆柱状,直立或微倾斜。小穗长 2~2.5 mm,2 至数枚成簇生于缩短的分枝上,基部有刚毛状小枝 1~6 条,成熟后与刚毛分离而脱落。第一颖为小穗的 1/3,具 1~3 脉;第二颖与小穗等长或稍长,具 5~6 脉。第一小花外稃与小穗等长或稍长,具 5~6 脉;第二小花外稃较第一小花外稃短,边缘茎抱内稃。

幼苗的第一叶倒披针状椭圆形,先端尖锐,长 8~9 mm,宽 2.3~2.8 mm,绿色,无毛,叶片近地面,斜向上伸出。第二、三叶狭倒披针形,先端尖,长 20~30 mm,宽 2.5~4 mm,叶舌毛状,叶鞘无毛,被绿色粗毛。叶耳处有紫红色斑。

【生物学特性】

种子繁殖,一年生草本,比较耐旱,耐瘠。种子随风力、雨水、动物传播,分布广泛,为旱地主要杂草。

7.3.5 牛筋草

【其他名称】

蟋蟀草。

【形态特征】

成株株高 9~15 cm,须根较细而稠密,为深根系,不易整株拔起。秆丛生,基部倾斜向四周开展。叶鞘和柔毛。叶舌短。叶片扁平或卷折,无毛或表面常被疣基柔毛。穗状花序 2~7 枚,呈指状簇生于秆顶。小穗 3~6 朵小花。颖披针形,有脊,脊上粗。第一颖长

1.5~2 mm;第二颖长 2~3 mm,革质,具 5 脉。

子实为囊果,果皮薄膜质,白色,内包种子 1 粒。种子呈三棱状长卵形或近椭圆形,长 1~1.5 mm,宽约 0.5 mm,黑褐色,表面具隆起的波状皱纹,纹间有细而密的横纹,背面显著隆起状脊,腹面有浅纵沟。

幼苗子叶留土。全株扁平毛。胚芽鞘透明膜质。第一片真叶呈带状披针形,长 9 mm,宽 2 mm,先端急尖,直出平行脉,叶鞘向内对折具脊,有环状叶舌,但无叶耳。第二、第三片真叶与第一片真叶基本相似。

【生物学特性】

种子繁殖,一年生草本。种子经冬季休眠后萌发。

7.3.6 马唐

【形态特征】

成株株高 10~100 cm。茎秆基部倾斜,着土后节易生根或具分枝,光滑无毛。叶鞘松弛包茎,大部短于节间。叶舌膜质,黄棕色,先端钝圆,长 1~3 mm。叶片条状披针形,长 13~17 cm,宽 3~10 mm,柄端疏生软毛或无毛。总状花序 3~10 枚,长 5~18 cm,上部互生或呈指状排列于茎顶。下部近于轮生。穗轴宽约 1 mm,中肋白色,翼绿色。小穗披针形,长 3~3.5 mm,通常孪生,一具长柄,一具极短的柄或几无柄。第一颖微小,钝三角形,长约 0.2 mm,第二颖长为小穗的 1/2~3/4,狭窄具不明显的 3 脉,边缘具纤毛。第一小花外稃与小穗等长,具明显的 5~7 脉,中部的脉更明显,脉间距离较宽而无毛,边缘具纤毛;第二小花几等长于小穗,色淡绿。

子实带稃颖果。第二颖边缘具纤毛。第一外稃侧脉无毛或脉间贴生柔毛。颖果椭圆形,长约 3 mm,淡黄色或灰白色,脐明显,圆形,胚卵形,长约等于颖果的 1/3。

幼苗深绿色,密被柔毛。胚芽鞘阔披针形,半透明膜质,长 2.5~3 mm。第一片真叶长 6~8 mm,宽 2~3 mm,具有一狭窄环状而顶端齿裂的叶舌,叶缘具长睫毛。幼苗其他叶片长 10~12 mm,宽 3~3.5 mm,多脉,叶鞘和叶片均密被长毛。

【生物学特性】

种子繁殖,一年生草本。种子边成熟边脱落,可以借风力、水流和动物活动传播扩散,繁殖力很强。

7.3.7 青蒿

【其他名称】

香蒿。

【形态特征】

成株茎直立,高 40~150 cm,上部多分枝,无毛,叶常为 2 回羽状分裂,叶轴上有小裂片,呈栉齿状,基部和下部叶在花期枯萎,中部叶小裂片较黄花蒿宽,宽 1~2 mm,两面无毛。头状花序半球形,黄色,直径 4~6 mm,花后下垂,组成带叶大型圆锥花序;总苞叶 3 层,无毛,最外层椭圆形,稍短,背部绿色,边缘膜质,内层总苞片较长而宽,膜质,边缘较宽;花序托平坦或稍突起,外层花引雌性,内层花两性,均结实。

子实瘦果长圆状倒卵形,长 2~2.5 mm,宽 0.5 mm,表面有纵肋。

幼苗子叶阔卵形,长 2.5 mm,宽 2 mm,顶端钝圆,具短柄;下胚轴发达、略呈淡红色,上胚轴不发育;初生叶 2 片,对生,椭圆形,顶端急尖,叶基楔形,具长的;第一后生叶羽状深裂,有 1 条中脉,具长柄;第二后生叶与第一后生叶相似。

【生物学特性】

二年生草本,以种子繁殖。

7.3.8　苣荬菜

【其他名称】

苦菜。

【形态特征】

根垂直直伸,多少有根状茎。茎直立,高 30~150 cm,有细条纹,上部或顶部有伞房状花序分枝,花序分枝与花序梗被稠密的头状具柄的腺毛。基生叶多数,与中下部茎叶全形倒披针形或长椭圆形, 羽状或倒向羽状深裂、半裂或浅裂, 全长 6~24 cm,高 1.5~6 cm,侧裂片 2~5 对,偏斜半椭圆形、卵形或耳状,顶裂片稍大,长卵形或长卵状椭圆形;全部叶裂片边缘有小锯齿或无锯齿而有小尖头;上部茎叶及接花序分枝下部的叶披针形或线钻形,小或极小。头状花序在茎枝顶端排成伞房状花序。总苞片 3 层,外层披针形,长 4~6 mm,宽 1~1.5 mm,中内层披针形,长达 1.5 cm,宽 3 mm;全部总苞片顶端长渐尖,外面沿中脉有 1 行头状具柄的腺毛。舌状小花多数,黄色。瘦果梢压扁,长椭圆形,长 3.7~4 mm,宽 0.8~1 mm,每面有 5 条细肋,肋间有横皱纹。

【生物学特性】

多年生草本植物。主要靠地下匍匐茎繁殖,也可以靠种子播种繁殖。

8 采收及储藏

8.1 苹果的采收

果实采收是苹果园一个生长季生产工作的结束,同时又是果品储藏或运销的开始,如果采收不当,不仅使产量降低,而且影响果实的耐储性和产品质量,甚至影响来年的产量。因此,必须对采收工作给予足够的重视。

8.1.1 采收期的确定

果实成熟度根据用途不同,有 3 种表述方式,包括可采成熟度、食用成熟度和生理成熟度。

可采成熟度:这时果实大小已长定,但还未完全成熟,应有的风味和香气还没有充分表现出来,肉质较硬。该成熟度的果实,适用于储运、蜜饯和罐藏加工等。

食用成熟度:果实已经成熟,表现出该品种应有的色、香、味,营养价值也达到了最高点,风味最好。达到食用成熟度的果实,适用于供当地销售,不宜长期储藏或长途运输。作为鲜食或加工果汁、果酱等原料的苹果,以此时采收为宜。

生理成熟度:果实在生理上已经达到充分成熟的阶段,果实肉质松绵,种子充分成熟。达到此成熟度时,果实变得淡而无味,营养价值大大降低,不宜供人们食用,更不能储藏或运输。一般只有作为采集种子时,才在这时采收。

8.1.2 采收方法

依据我国目前的苹果生产方式,果实的采收方法主要是人工采收。采果时,采收人员应剪短指甲或戴上手套,以免划伤果面。为了不损伤果柄,应用手托住果实其一手指顶着果柄和果台处,向一侧转动,使果实与果台分离。不可硬将果实从树上拽下,使果柄受伤或脱落而影响储藏。采果时,应根据其果实着生部位、果枝类型、果实密度等进行分期、分批采收,以提高产量、品质和商品价值。并且,为使果面免受果柄扎害,对于果柄较长的品种如红富士等,要随摘随剪除果柄。

在采收过程中,应防止一切机械损伤,如擦伤、碰伤、压伤或掐伤等。果实有了伤口,微生物极易侵入,会促进吸收作用的加强,降低耐储性。还要防止折断树枝,碰掉花芽和叶芽,以免影响翌年产量。

采收时要防止果柄脱落,因为无果柄的果实,不仅果品等级下降,而且也不耐储藏。采收时还要注意,应按先下后上,先外后内的顺序采收,以免碰落其他果实,增加损失。

为了保证果实的品质,采收过程中要尽量使果实完整无损,要在采果篓(筐)或箱内部垫些柔软的衬垫物。采果捡果时要轻拿轻放,尽量减少换篓(筐)的次数,运输过程中要防止压、碰、抛、撞或挤压果实,尽量减少和避免果实的损伤。采收时如遇阴雨、露、雾天气,果实表面水分较大时,采摘下的果实应放在通风处晾干,以免影响储藏。

晴天采收的果实,由于温度较高,应在遮阴处降低果温后入库,以免将田间热量带进储藏库而造成不必要的损失。

8.2 苹果的储藏

8.2.1 苹果储藏保鲜技术

储藏保鲜技术主要有物理和化学2大类,并且由此衍生多种新的技术,虽然技术的种类多种多样,但是侧重的方面都是一样的,即对果实的呼吸强度进行控制,抑制腐败菌的生长,对储藏环境的控制。

第一,低温保鲜技术。低温保鲜是常用的物理保鲜方法。通常采用沟藏、通风储藏库或者窖窖储藏,这些储藏方法必须在冬季和春季外界低温条件下使用。这种储藏方式的优点是不受外界环境的影响,均匀降低储藏仓库的温度,对于调节温度湿度和通风能够进行精确地控制。普通的低温保鲜方法储藏苹果的时间较短,利用这种储藏方法的储藏时间过长会造成大面积的腐烂,是对苹果的极大浪费,所以一般作为个人少量储藏苹果的常用方式。

第二,化学储藏保鲜技术。化学储藏是利用化学物质脱氧、杀菌、防腐的功能,防止苹果受到细菌的侵害产生变质的1种储藏方式。化学保鲜剂一般由多菌灵和甲基托布津等内吸性物质组成,化学保鲜剂的价格低廉,使用方便,对于苹果消毒灭菌的效果非常好,所以被人们广泛使用,但是在苹果的内部残留量较大,有其他的副作用。人们逐渐减少化学保鲜剂的使用。

第三,气调储藏技术。气调储藏技术是通过调节储藏仓库中的空气成分来实现苹果的储藏和保鲜,即通过调节 O_2 和 CO_2 的浓度来抑制苹果的呼吸强度、乙烯的产生和微生物繁殖,从而减少营养物质的消耗,延缓苹果自身的衰老和腐败。气调储藏要与化学储藏相配合,在气调储藏前进行化学储藏技术的处理,以保证气调储藏时间的延长。

8.2.2 苹果储藏注意事项

第一,小心采收。用于储藏的苹果需在晴天且早晨露水干后采摘,气温低于 2℃ 的早晨不要采摘,否则不耐储藏。采收时需轻拿轻放,防止碰伤果面而感染病害,并且要严格选出病虫果、破伤果、落地果和小果。

第二,采后处理。用 3%~6% 的氯化钙溶液浸果,可提高果实硬度,减少果实储藏期由于缺钙引起的苦痘病等缺钙症;用 25% 保果灵浸泡 0.5~1 min,或用 70% 甲基托布津浸果,可防止储藏期间腐生菌侵染果实。

第三,就地预冷。经药剂处理的苹果,先散放在果园内预冷散热一夜,然后再分级,包装入库。

第四,改进包装。采用本法储藏苹果 3~6 个月,损耗率不超过 5%,方法是选用 0.04~0.07 mm 厚的无毒聚氯乙烯塑料薄膜袋衬在果箱内,待苹果排好后将袋口折叠压在箱内封箱,注意不可将袋口扎紧。

第五，及时入库。苹果是呼吸跃变型果实，采收后在常温下放置，其乙烯产生量会增加很多倍，用气体分析仪器检测，采后 10~17 d，乙烯产生量可由 22 ppm 升高至 1680 ppm，呼吸出现跃变，果实开始衰老并发生病变。如果用果实硬度作指标，苹果采后在常温下多放一天，其冷库储藏寿命就减少 20 d 以上。因此，苹果在包装后要及时入库。

第三章

经果林水肥
一体化运行管理方案

1 组织管理

1.1 成立组织机构明确职责分工

由建设单位项目建设领导小组负责项目工程建设至工程一年内试用行期间的,前期运行管理,资产移交,测量实际出水量,划分、公示实际轮灌组,标记出水桩等工作。

建设单位按照自主管理灌排区的模式,成立节水管理机构,形成"节水灌溉领导小组+灌溉部门和农业部门+生产队"的三级管理模式。

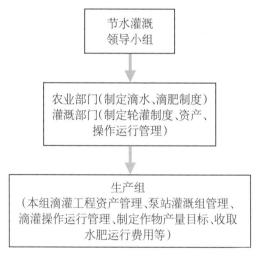

图 3-1 自主管理排管区模式

建设单位成立相应的节水灌溉领导小组,由建设单位场长为组长,主管农业的副场长为副组长,灌溉部门(水管站)、农业部门和农业技术推广中心节水灌溉专家组等组成领导小组,全面负责本建设单位滴灌工程的运行管理工作。建设单位滴灌系统运行管理工作,在节水灌溉领导小组的统一指挥下进行。

农业部门根据各种作物及其各不同生育阶段特点、土壤质地和各队实际制订相应的滴水、滴肥制度。灌溉部门负责本建设单位各滴灌系统轮灌制度的制定,负责本建设单位滴灌工程资产管理、操作运行管理、技术服务和相关制度、标准制定,保证滴灌设施正常工作,指导各队坚决按农业部门制订的滴水、滴肥制度执行及实施中的监督工作。

以蓄水池为单位,成立泵站灌溉小组,由生产队直接领导,灌溉小组实行目标责任制,成员应明确分工,责任到人,将小组成员和分工公示,便于各级组织之间联系,系统高效运行。待管理技术成熟推荐实行产量承包制。

生产队管理细分如下:

①各队要相应成立以队长为组长、管水副队长为副组长,成员由各滴灌系统泵房操作人员组成的专业滴灌服务组,具体负责本生产队的滴灌运行和管理工作。生产队具体负责本队滴灌工程资产管理、泵站灌溉组管理、滴灌操作运行管理、制定作物产量目标,收缴水、肥运行费用等工作。

②泵房操作人员要服从生产队管理,业务上接受建设单位灌溉部门及滴灌服务队的指导和监督,具体负责:滴灌资产管理;首部设备操作维护;严格按照建设单位、生产制定的轮灌制度、施肥制度进行滴水和施肥;负责田间管网闸阀的开启操作;建立好运

行档案,及时准确地填报有关技术资料和报表(见附表);负责所管滴灌设施的看护工作,防止损坏、偷盗、丢失,杜绝人身伤害事故的发生;对滴灌设施要勤检查、勤保养,及时排除故障,确保滴灌系统正常运行。

③承包户负责地面支管、辅管的铺设和毛管三通、直通的连接,配合泵房管理人员检查田间管网完好;滴灌灌溉情况检查,及时做好滴灌带破损漏水处的处理。承包户不得擅自随意开启或关闭阀门。水肥管理公开透明,以用水户代表参与水、肥用量和定价的方式参与灌溉管理。

划小计量单位,安装量水设备,公开水价成本核算,实行按方收费。抓好水、肥的测量工作,加大对用水区域用水量、肥量的监测力度,做好用水记录和用水户代表、泵工、片区负责队长三方签字落实工作,实行集中统一供水、肥制,做到用多少水交多少钱。在灌区大力推广应用节水灌溉新技术,加强对管水人员、技术工人的技术培训,坚决实行统一灌水制度,保障安全生产。

1.2 完善规章制度、明确责任目标

1.2.1 制定泵房管理目标责任书(实例)

为达到泵房"高效、节能、低耗"灌溉技术目标,实现全年无安全事故,特制定此责任书:

一、基本情况:本供水单元灌溉面积 3 000 亩,涉及农二队、农三队 2 个生产队。

二、管理目标：

①本泵站管理范围内玉米产量达到 800 kg/亩以上，平均亩耗电量不超过 55°，平均亩耗水量不超过 280 m³。

②做到泵房各种设备的正常维护和使用，提高设备运转率。

③严格遵守泵房运行管理操作制度，杜绝各类安全事故。

④负责泵房设施的看护，防止设备被盗或认为损失、丢失或者损坏照价赔偿。

⑤严格遵守岗位责任制，在泵房运行期间，泵房操作人员做到 24 h 坚守岗位，严禁脱岗，做好玉米轮灌记录。

1.2.2 制定操作人员责任书

①严格按照建设单位灌溉和农业部门提出的灌溉制度灌水，其中包括第一次灌水时间，单次灌水延续时间，轮灌组划分，灌水总次数等要求。

②保持各设备完整，附件齐全，安全防护装置齐全，管道线路完整无损；正确操作各种设备，定期保养维护，提高设备的运转率。

③在工作期间精心操作，每小时对运行设备进行检查，及时发现、及时处理安全隐患。

④认真做好设备运行记录，并请相关人员及时确认签字，公正分摊费用。

⑤严格按照田间管网的运行管理要求操作，遇到特殊地质、气象天气，进行特殊处理。

⑥泵房操作人员利用秋冬季，做好首部设备、地面管网、出水

桩标示的检查和维护工作,以利来年运行。在停水期看护好泵房,做好设备及管网做好防盗工作,如有丢失由泵房责任人赔偿。

⑦操作人员必须做到"四勤"即眼勤、手勤、嘴勤、腿勤,每天对泵房室内外的线路、设备、蓄水池进行检查,及时发现问题和隐患,及时处理。要经常保持与灌溉部门的联系,互通情况保证系统有效运行。

⑧操作人员与配水人员接水、测水保证用水量正确。要充分估量好水泵用水情况,不浪费水,不认为排水,保证蓄水池及沉砂池安全。

⑨坚守岗位,保持良好的工作状态。保持泵站室内外干净,整洁及周边环境整齐、卫生。

1.2.3 制定泵房灌水管理制度

①按照实际轮灌制度进行操作。

②凡轮灌期间承包人(农户)均有义务维护自身利益不受侵犯,承包人(农户)员有义务来监督泵工,保障泵轮灌组灌溉按规定有序进行。当发生扰乱本轮灌溉正常秩序的事情,本轮灌组的全体同志,有权进行处置,或经片区干部见证,本轮灌组签字后交生产队,并按照相关规定进行处理。

③滴灌过程中,不按照轮灌制度要求,私自多开球阀的,一经发现每多开一个球阀罚款 500 元,如果在滴肥期间偷水,按该轮灌区开启时间至发现时间的水、电、肥料等费用进行赔偿。

④晚关球阀的,以 30 min 为界,每增加 10 min 多承担 2 h 的水电费,故意不按时关闭球阀的一律按偷水处理。

⑤出现偷水情况的,一经发现,每处罚款 200 元,并限期恢复原状。

⑥人为造成管道跑水不及时处理的罚款 200 元,已经造成他人损失的照价赔偿。

⑦故意不关出地桩多用水的或其他轮灌地号灌水时偷开阀门,视作偷水处理,发现一个出地桩。罚款 500 元,并按该轮灌区开启时间至发现时间的水、电、肥料等费用进行赔偿。

⑧各地号灌水必需严格按照轮灌要求和时间安排,提前和泵房联系,做好接水准备并记录好更换出水桩的时间,安排好换阀时间,配合好泵房人员的工作。

⑨单位安排灌水,凡不按时接水的或不按时开阀的,后果自负。轮灌结束,统一关阀,不得另行补水。

⑩单位安排滴水,而故意不滴水的,必须等到下一轮灌水秩序轮到后再灌水,中途决不允许插班灌水。

⑪在滴水过程中,如遇突发性事件如:地号出水桩冲掉等,无论是哪一位承包户遇到,必须在第一时间及时进行抢修,保证滴水工作正常进行。凡无故拖延时间耽误灌水的,单位派劳力进行抢修的费用,由负责人双倍承担。

1.2.4 制定管网运行管理制度

①系统每年运行时要对管网进行冲洗,地下管道、地面管道分开进行冲洗。

管道冲洗时,应由上至下逐级清洗,支管和毛管应按轮灌组冲洗,冲洗过程中随时检查管道情况,并做好冲洗记录。应先打开枢纽总控制阀和待冲洗的干管阀门和末端排水阀门,关闭其他阀门,启动水泵对干管进行冲洗,直到干管末端出水清洁,然后关闭末端排水阀门进行支管冲洗,直到支管末端出水清洁。最后关闭支管末端闸阀进行毛管冲洗,直到毛管末端出清洁水为止。

②灌水时每次开启一个轮灌组,当一个轮灌组结束应先开启下一个轮灌组,在关闭上一个轮灌组,禁止先关后开。

③控制压力表读数,应将系统控制在设计压力下运行,以保证系统能有效安全运行。

④阀门的开启与关闭:在系统运行的时候开启蝶阀,先慢慢转动把柄或转轮,直到完全打开状态或关闭状态。

⑤灌水期结束后,打开干管末端阀门,排净管道内积水,避免管道冻胀破坏。

1.3 设备运行管理制度

1.3.1 机电设备运行管理制度

①在启动系统时,严禁用湿手去开启各种开关、按钮。

②电机运行时,禁止带负荷拉取、跌落开关、自动空气开关及电机使用闸刀。

③在电机、水泵工作运行时禁止用异物碰取各种转动设备。

④在换取闸刀保险时,禁止用铜丝、铁丝、铝丝代替保险丝,或严重超过闸刀容量的保险丝。

⑤凡进行检修,必须先断电,挂上"禁止合闸"的警告标志牌,并有人监护。

⑥任何电器设备未经检查前,一律视为有电,检查必须采用专业测试工具,检查是否有电。

⑦启动电机不能频繁进行,当电机停止运行后,如需再次启动,为保护变频、软启动机器及电机安全,必须间隔 10 min 后才能启动。

⑧闭合各类开关,应用左手推拉,脸部等身体正面避开开关箱,以防短路灼伤。

⑨各类自动空气空气开关,在正常运行时突然跳闸的,必须停止合闸,查明原因、排除故障后方可合闸。

⑩必须牢记电气设备,电网停电后在未断开开关和有效安全措施前,不得触及设备。

⑪凡电气设备发生故障,未能及时排除,不得擅自拆卸设备,待专业人员进行维修。

⑫非电气专业人员不得检修电气设备及线路。

⑬电机运行不得长期超电压、超电流运行,以免损坏电器设备。

⑭水泵出口压力不稳定或偏低,为查明原因不得运行超过 30 min。

⑮电压过高或过低时,不能启动设备。

⑯禁止用是不或湿手擦洗运行电气设备,以免发生危险。

1.3.2　水泵运行管理制度

①打开进口阀门,关闭出口阀门,排除泵内空气,将进水管注满水。

②开启水泵,当泵达到正常转速后,在逐渐打开出水管路上的阀门。

③关闭水泵时先逐渐关闭出水管上的阀门,切断电源。

④禁止泵在汽蚀状态下长期运行。运行时,观察轴承温升,极限温度不得高于75℃,并不应超过外界35℃。

⑤灌水结束后,应将泵内水放尽,并进行维护保养。

1.3.3 过滤器运行管理制度(砂石+叠片)

①将每个叠片式过滤器的进出水阀全部打开。将砂石、叠片过滤器的反冲洗阀门全部关闭,将施肥罐进出水阀关闭。

②开启水泵,按照操作规程调整阀门,使过滤器开始正常运行。

③砂石过滤器+叠片过滤器与施肥装置组成的系统,砂石过滤器进出口压差大于0.05 MPa时应进行反冲洗,叠片过滤器进出口压差大于0.04 MPa时应进行反冲洗。

④叠片过滤器清洗方法为将过滤器拆开拿出叠片置于清水中清洗、清洗干净后把叠片放回,盖上过滤器的盖子用封闭阀封闭;每年灌期结束后,将滤芯取出妥善保管,以防止滤芯破损,降低使用寿命和效果。

⑤砂石过滤器每年视水质情况,应对介质进行1~6次彻底清洗。对于因有机物和藻类产生的堵塞,应采用在水中按比例加入氯或酸,浸泡过滤器24 h,然后反冲洗直到放出清水的方式进行清洗;应人工清除过滤器中结块沙子和污物,必要时可取出全部砂石,彻底冲洗后再重新逐层放入滤罐内,并及时补充缺失相

应粒径的砂子。

⑥定期检查各生产接件是否松动,密封性能是否良好,发现问题及时处理。

1.3.4 施肥罐运行管理制度

①施肥罐中注入固体颗粒不得超过施肥罐容积的 2/3,并定期清洗施肥罐。施肥时,先滴 15~30 min 清水,再将溶解的肥料注入系统,在关闭本轮灌组前,应先关闭施肥罐,再滴 15~30 min 清水,在关闭本轮灌组。施肥时注意不能出现软管打折现象。

②每次施肥后,对施肥装置进行保养,并检查进、出水口的生产接和密封情况。

③灌溉结束后,对施肥罐进行全面检修,清理污垢,更换损坏和被腐蚀的零部件。

2 智能滴灌系统操作规程

2.1 苹果园水肥智能控制系统的组成与功能

智能控制系统组成主要有:环境传感器、智能采集控制器、智能控制系统及系统云平台、电脑/手机 APP 终端等。

根据系统业务需求,结合的系统软件云平台的架构设计,系统平台的组成和功能如下图:

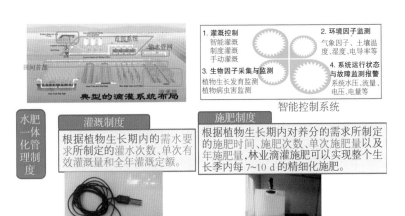

图 3-2 人工林智能滴灌水肥一体化栽培技术体系

2.1.1 苹果树生长环境因子监测系统

通过部署土壤含水率,土壤温度,土壤电导率传感器和空气温度、空气湿度、风速风向、雨量、气压等气象环境传感器进行实时采集传输到数据库,通过系统软件平台把数据以图、表、数字等方式显示在系统软件上,通过手机或 APP 能够及时地看到最新

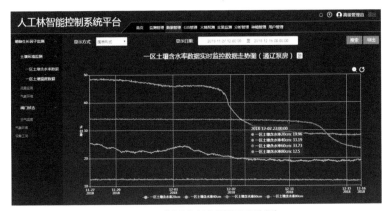

图 3-3 苹果生长环境因子监测

的数据和历史数据。

2.1.2 苹果园灌溉管理

灌溉管理根据运行方式的不同,可分为手动灌溉、制度灌溉和智能灌溉 3 种方式。

2.1.2.1 手动灌溉

用户通过点击手机 APP 中灌溉控制功能进行查看阀门当前状态,通过操作按钮的开/关,管理水泵、电磁阀的开启、关闭工作。

图 3-4 手动灌溉

2.1.2.2 制度灌溉

用户通过手机 APP 中的轮灌计划，设定阀门或阀门组的开启、关闭时间和周期，设置灌溉制度，系统通过设置制度发送给田间控制器后，按照该制度自动进行灌溉任务。

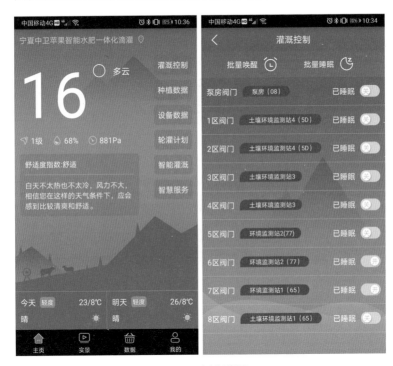

图 3-5 制度灌溉

2.1.2.3 智能灌溉

当有传感器对灌溉区域的土壤环境和气象环境进行监测时，专家系统经过数据分析，制定智能灌溉的控制条件，该灌溉制度可对土壤和气象指标进行设定，当指标低于设定阈值时自动开启进行灌溉，当指标高于设定阈值时自动关闭。

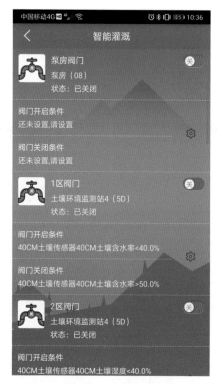

图 3-6　智能灌溉

2.1.3　设备数据监测

根据系统查看设备是否离线，根据阀门的状态查看阀门是否开启、关闭，检查智能采集控制器的电压、电量等基本信息，查看环境传感器的各项传输指标是否正常。给数据定义预警值，根据以上指标提前预警，确保出现问题提前维护，以免影响客户使用。

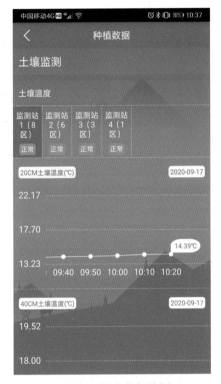

图 3-7 设备数据监测

2.1.4 实景监测系统

现场实景功能主要目标是安防监控和病虫害监测。

实景是在指定的视频监测点布设高清无线摄像头,通过摄像头的视频监控对人工林和现场进行实时监测,可监测有体表特征的虫害和林木表象变化的病害,并将图像信息通过无线传输方式传回系统,实时显示现场照片。

图 3-8　实景监测

2.1.5　实时监测预警

系统在专家的指导下可以预制预警值,系统在运行过程中对采集的数据进行判断和筛选,如果属于预警范畴,通过 APP 进行预警提醒,用户可以根据预警提醒数据进行及时处理预警情况。

图 3-9　实时监测预警

2.1.6　现场互动

实现"上传下达"工作状态,现场工作人员以实物拍照的方式传递现场或者特殊场景下的信息给管理员,管理人员下达任务给特定人员去处理。

图 3-10　互动平台

2.1.7　火情预测平台

系统配置 GIS 地图和点位温度、湿度形成温度场,通过实时

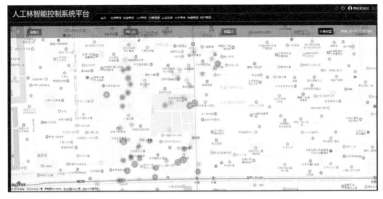

图 3-11　火情监测

监测数据并在监测中心区域显示,如果某个地区出现干燥或高温现象,系统会形成颜色加深的热力场,客户需要根据地图显示及时预判可能出现火情的地方,进行现场查看。

2.1.8 多用户管理

系统采用主流的 SAAS 云平台架构方式,提供单一用户的多个林地管理单位的管理和单一林地管理单位多个管理人员的管理,为人工林管理单位提供全面用户管理权限支持。

系统分为超级管理员、一般应用管理员和系统维护人员 3 类。

超级管理员:可以对系统进行各种操作、查看,并且可以增加管理员和一般人员权限。

一般应用管理员:可以对指定的操作权限有操作和查看权限,没有指定操作权限的只有查看权限。

系统维护人员:主要以技术服务人员为主,进行系统的日常维护和技术支持。

3 滴灌系统的运行与维护

滴灌系统由水源工程、系统首部、输水管网、田间首部和滴灌管五部分组成。

3.1 水源工程

该项目水源为湖水,采用浮筒泵提供水分。

3.1.1 水处理模式

①黄河水处理模式见图3-12。

图 3-12 黄河水处理模式

②地下水处理模式见图3-13。

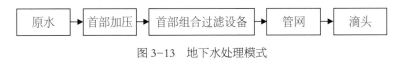

图 3-13 地下水处理模式

③库水处理模式见图3-14。

图 3-14 库水处理模式

3.1.2 过滤设备

3.1.2.1 黄河水过滤设备

黄河水经调蓄预沉池沉砂后,水体浊度一般小于 300 NTU,含沙量小于 200 mg/L,为了满足设计要求应对原水做进一步处理:

①一般主要采用砂石过滤器+叠片过滤器(见图 3-15)。

②对于预沉效果较好,灌溉系统控制面积较小的也可采用砂石过滤器+网式过滤器组合过滤(见图 3-16)。

③处理后水体浊度一般不超过 150 NTU,含沙量小于 100 mg/L。

图 3-15　黄河水过滤设备组合

图 3-16　黄河水过滤设备组合

3.1.2.2　地下水过滤设备

地下水杂质主要以砂粒等为主,宁夏地区地下水利用主要以单井为主,灌溉面积较小,为了满足设计要求应对原水进行进一步处理:

①一般主要采用离心过滤器+筛网过滤器组合过滤为主(见图 3-17);若采用其他组合方式,应进行充分的分析论证。

②处理后水体浊度一般不超过 150 NTU，含沙量小于 100 mg/L。

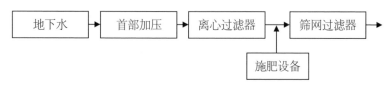

图 3-17　地下水过滤设备组合

3.1.2.3　水库水过滤设备

水库水经调蓄预沉池沉砂后,水体浊度一般小于 300 NTU,

含沙量小于 200 mg/L，为了满足设计要求应对原水进行进一步处理：

①一般主要采用砂石过滤器+叠片过滤器(见图 3-18)。

②对于预沉效果较好,灌溉系统控制面积较小的也可采用砂石过滤器+网式过滤器组合过滤(见图 3-19)。

③处理后水体浊度一般不超过 150 NTU，含沙量小于 100 mg/L。

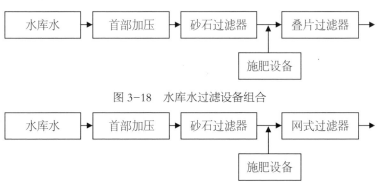

图 3-18　水库水过滤设备组合

图 3-19　水库水过滤设备组合

3.2　滴灌管铺设

3.2.1　滴灌管(带)选型

3.2.1.1　滴灌管(带)材料一般为 PE(聚乙烯)

根据枸杞种植和需水特点、项目建设经济条件和可持续发展要求确定,一般选用滴灌管,当铺设长度大于 100 m 时,应采用压力补偿式滴头。

3.2.1.2 技术参数

①滴灌管内径为 16 mm。

②壁厚为 0.6~1.0 mm。水质一般时选择壁厚为 0.6~0.8 mm。水质较好时选择壁厚为 0.8~1.0 mm。

③滴头流量为 1.5~3 L/h，沙质土一般选择滴头流量为 2.0~3 L/h，壤土一般选择滴头流量为 1.5~2.0 L/h。

④滴头间距为 30~40 cm，沙质土一般选择滴头间距为 30 cm，壤土一般选择滴头间距为 40 cm。

⑤滴灌管额定工作压力 0.1 MPa。

⑥使用年限 5 年以上。

⑦若采用其他技术参数的滴灌管(带)，应进行充分的分析论证。

3.2.2 铺设方式

滴灌管铺设应综合考虑地形、地貌、坡度、坡向等条件，结合水压、滴灌带性能指标合理确定铺设长度。

滴灌管铺设长度一般为 50~80 m，其中顺坡为 70~80 m，逆坡为 50~60 m。

滴灌管布置一般采用一管一行毛管平行布设的形式，沿树行一侧布设毛管，每株树旁安装 1 个灌水器。

3.2.3 安装要求

通过地面出水管和给水阀门与地下管网连接，地下管应深埋至耕作层以下。从田间出水阀门处连接地面 PE 辅管，滴灌管安装在地面 PE 辅管上。

滴灌管铺设时一定要自然松弛,避免紧拉。要注意夜间低温时滴灌管会收缩,接头处应连接牢固,必要时使用工具禁锢锁姆。

滴灌管管端应剪平,不得有裂纹,并防止混进杂物。

滴灌管铺好后,滴灌系统必须进行冲洗,让水通过滴灌管末端,然后安装滴灌管堵头,并测量滴灌管首端和末端压力值。

3.3 系统首部

系统首部包括水泵、变频柜、过滤系统、施肥系统和量表控制等。

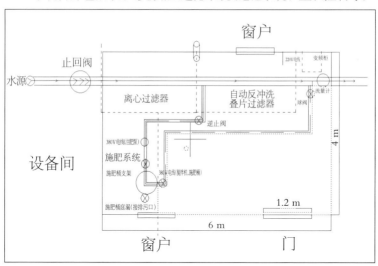

图 3-20 系统首部

3.3.1 水泵

滴灌系统是一个有压系统,所以在没有自压系统的情况下需要配置水泵提供压力。浮筒泵 Q=45 m³3/h, h=55 m, P=5 kw。

水泵规格的选择应根据系统的设计流量和系统所需要的扬

107

程来确定。

3.3.2　变频柜

（1）变频器开关

变频器按钮有停止、变频、工频三个状态,指向"变频"时,变频器开始工作。

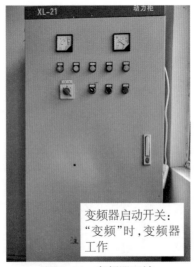

图3-21　变频器开关

①总电源开关接通前,检查变频器操作面板上的手动启动旋钮在"停止"位置。

②手动启动水泵:变频器内手自动切换开关在 ON 状态时,旋转操作面板上的手动启动旋钮至"变频"即可启动水泵;水泵的输出压力经过远传压力表反馈至压力显示面板,由变频器调节水泵转速使实测压力趋近并保持在目标压力,水泵以恒压变频方式运行。

③自动启动水泵:变频器内手自动切换开关在 OFF 状态时,旋转操作面板上的手动启动旋钮至"变频",此时水泵仍无法启动,通过手机或电脑客户端的远程操作启动水泵,水泵运行方式依然为恒压变频。

④在系统检修或长期不用时,将面板上的手动启动旋钮回归至"停",依次断开变频柜内开关。

(2)变频器调压

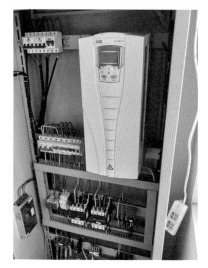

图 3-22　变频器

步骤:

①按"PRGM"键进入页面,按"+"和"-"按钮,直到显示 F9。

②按"ENT"键进入下一页面,按"+"和"-"按钮,调到所需求的频率。按"PRGM"键返回。

变频器调压,将进水口压力表的压力维持在 0.3 MPa。

（3）故障排除

①检查电压是否过低于 380 V。

②检查线路是否短路。

③水泵电机是否超载。

3.3.3　过滤器

（1）砂石过滤器

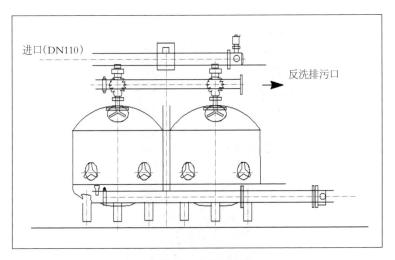

图 3-23　砂石过滤器

根据水质情况，定期打开反洗排污口进行排污，排污应该在系统运行过程中进行，操作排污阀应注意缓开缓关，同时注意观察排污口的水质情况，泥沙明显减少水质趋于清澈即可停止排沙。

（2）叠片过滤器

①反冲洗组成及清洗维护。

定期清洗驱动水过滤器，清洗前应关闭驱动水过滤器前端球阀,取出滤网,清洗完毕装回滤网旋紧驱动水过滤器盖子,打开驱动水过滤器前球阀,清洗过程不应在过滤器反冲洗过程中进行。

长期停用前和系统重新启用前需打开过滤器单元对叠片进行手动清洗,手动清洗应逐一单元进行,手动清洗应在系统停用时进行,打开过滤单元卡箍前须打开驱动水过滤器盖子并打开驱动水过滤器前端球阀释放系统内压力。

叠片在长期使用后明显结垢时取出置于塑料桶内用适量醋酸浸泡,漂洗干净即可重复使用。

过滤单元卡箍具有较强弹力,拆卸过程请留意扳动力度;过滤单元盖子上紧过程应保证其与底座间缝隙紧密均匀,切忌歪斜;叠片取出前需旋开固定螺帽,叠片装回后需旋紧固定螺帽,固

图 3-24　叠片过滤器

定力度适宜。

②自动过滤反冲洗控制。

通过循环设定键在各个选项间反复选择,选项闪动时即为可编辑状态,通过"+""－"进行参数增加和减少。

反冲洗持续时间,即每个过滤单元反冲洗的时间,建议设定30~50 s。

压差设定,即触发反冲洗的过滤器前后端压力差,建议设定0.5 Bar,同时在控制器面板上会有实际测得压差显示。

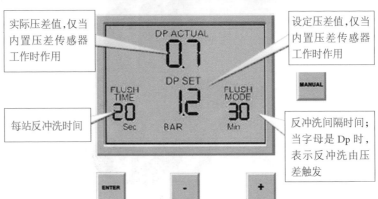

图3-25　自动反冲洗控制器

反冲洗间隔时间,即两次反冲洗程序之间的等待时间,建议设定 4~6 h。

压差和计时两种方式优先达到者即触发反冲洗程序进行。

注:

控制器装配 1 个液晶显示屏和 4 个按钮。当控制器在 1 分钟之内没有任何操作时,显示屏将关闭,按下任意一个按钮几秒钟,屏幕将重新显示。

建议每隔一个月手动清洗叠片过滤器滤网一次。

③故障排除。

过滤器不反冲洗时,检查过滤各进、出水阀门和排污阀门打开和关闭状态是否正确。自动过滤反冲洗设备查看系统是否设置正确及供电。查看电磁阀门是否是否出现故障。

3.3.4 施肥系统

随水施肥是滴灌系统的一大功能,通过施肥系统将肥料溶解后注入管道系统随水滴灌到人工林根系土壤中。

施肥系统由施肥桶、搅拌器、注肥泵 3 部分组成。

①施肥泵首次启动注肥时应进行排气。排气方法:在注肥泵停止运行过程中依次旋开泵头下方和中部的螺栓,螺栓下方的排气孔将间断有空气喷出, 排气过程建议不要开启主管道供水,通过调节施肥泵出口球阀控制出水,当关闭球阀有明显的水流受阻摩擦声且排气孔水流喷射猛烈无间断即为排气充分, 排气过程可能会持续较长时间。

②排气完成后保持施肥泵出水球阀关闭,开启进水球阀开启

图 3-26　施肥系统

开始注水,水位适宜之后关闭进水球阀,将肥料放入,开启搅拌器进行搅拌,均匀后关闭搅拌器,随后开启注肥泵,最后缓慢开启注肥泵出水口球阀,可通过调节球阀开启量控制施肥速度。

③注肥泵严禁缺水运行,建议接近施肥完成时(在肥料桶内出水口上方 5 cm)关停施肥泵。

④肥料桶进水球阀应缓开缓关。

⑤肥料桶内积累较多杂质时应通过底部的排污孔进行冲洗排污。

⑥肥料搅拌器切忌长时间空转运行。

3.4 田间首部

田间首部包括检修球阀、电磁阀、进排气阀以及阀门箱等。

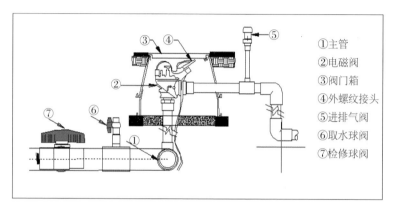

①主管
②电磁阀
③阀门箱
④外螺纹接头
⑤进排气阀
⑥取水球阀
⑦检修球阀

图 3-27 田间首部

3.4.1 田间首部

田间首部电磁阀有 3 个状态:自动、开启和关闭。手动启动时将电磁阀转到"开启",滴灌系统开始运行;远程控制时,将电磁阀保持在"自动"状态。

注:

系统中的所有的阀门必须要缓开缓闭。

在天气温度低于零度时,所有阀门必须处于开启状态。

故障排除:

电磁阀不能正常运行——可能有两方面的原因。

其一,物理上的障碍,比如一些碎石、枯叶残枝,阻止了隔膜的完全密封,在清除这些障碍以后,需要检查隔膜及附件是否有损坏。

其二,作用在上隔膜的压力太小。

3.4.2 阀门箱管理

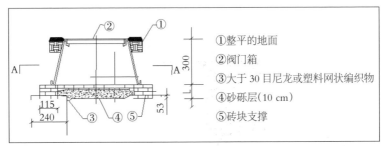

①整平的地面
②阀门箱
③大于30目尼龙或塑料网状编织物
④砂砾层(10 cm)
⑤砖块支撑

图3-28 阀门箱安装示意图

3.5 滴灌管使用及维护

3.5.1 滴灌管的介绍

①管径:16 mm(外径);

②壁厚:1.0 mm;

③滴头间距:50 cm;

④滴头流量:2 L/h;

⑤工作压力范围:1.0~2.5 kg/cm²;

⑥允许最高气温:60℃;

⑦允许最高水温:43℃;

⑧抗老化使用年限:15年以上。

3.5.2 滴灌管的使用

①每年春天开始灌溉前进行冲沙处理,将滴灌带末端堵头打开,打开滴管系统冲洗20~30 min,检测滴灌带滴水情况,是否有

断裂现象,确保末端流水清澈无泥沙。

②开始启用滴灌系统后,每隔 30 d 打开滴灌带末端检测冲洗一次。